# 沙灘上的愛因斯坦，生活中的相對論

# Einstein à la plage : La relativité dans un transat

法國國家科學研究中心（CNRS）研究主任
馬克·拉謝茲－雷伊（Marc Lachièze-Rey）著
哈雷 譯

## 目次

目次

目次

推薦序

# 徜徉在哲學的沙灘上

中原大學物理系教授　高崇文

這是我第一次讀到法國學者的科普書，果然與一般大家熟悉的英美系的科普書大異其趣。遙想當年大科學家拉普拉斯（Pierre-Simon, marquis de Laplace）一邊撰寫大部頭的鉅著《天體力學》（*Mécanique céleste*）卻同時出版了一本《宇宙系統論》（*Exposition du système du monde*），這本書文筆流暢，沒有一條數學式，但居然成了法文的經典之作，甚至讓拉普拉斯躋身於只有四十個名額的法蘭西學術院院士！看來重視解說科學的法蘭西傳統並沒有隨著現代科學一日千里的發展而消失，這本《沙灘上的愛因斯坦》，雖然篇幅不長，但是一路從特殊相對論，廣義相對論，講到宇宙論，甚至連前陣子引發熱潮的黑洞與重力波都含攝於其中。作者的文筆流暢平實，不像有的科普書為了吸睛而有故作驚人之語，所謂（司馬）遷文直而事覈，（班）固文贍而事詳，作者的風格可以說是接近於前者。言簡意賅，恰到好處，這可是多年的火候才做得到的。作者馬克·拉謝茲－雷伊（Marc Lachièze-Rey）是個不折不扣的專家學者，他是法國國家科學研究中心（CNRS）天體物理學家與宇宙學家，研究興趣主要集中在時空拓撲、重力及暗物質，但是除了專業的科學論文之外，他也推廣科普，不遺餘力，迄今已出版十數種物理科普著作。

與坊間的科普書不同的是，作者對科學背後理念的掌握以及對這些理念如何發展的來龍去脈，可是下過一番苦心。像是一開場討論特殊相對論，作者就挑明，愛因斯坦的特殊相對論就是將電磁現象也涵蓋進相對性原理中的一個必然結果，這句話說得簡單，但是卻是相當的鞭辟入裡，不需要花俏的詮釋，而是貨真價實的物理加哲學思維，令人耳目一新。另外像是針對「固有時間」與「表象時間」的闡述，則好比在讀一本哲學的著作，論理清晰而令人折服。此外將實體與世界線放在一起討論，也在在令人感到作者不只是一位專業的物理學者，而是近乎一位哲學家呢。作者的另一個特點也同樣有趣，就是他非常著重幾何。不像一般科普書只在介紹廣義相對論時蘸個醬油，唬弄一下「彎曲時空」這類漂亮的話。而且在介紹特殊相對論時就將物理幾何化的概念給帶進來。這樣讓廣義相對論的出場優雅自然，毫無突兀之感。接著作者又將廣義相對論如何過五關斬六將，通過重重觀測的考驗，乃至於由廣義相對論所開啟的現代宇宙論，是一路如何地從發現宇宙微波背景，到脈衝星的發現，乃至於最近的重力波探測。在這麼短的篇幅，涵蓋了這麼豐富的材料，卻又井然有序，一環扣著一環，真是令人大呼過癮！

朋友們，就算不是理科生，這本書也絕對不會令你們失望的。我要特別將本書推薦給對科學有好奇心的人文學界的朋友，真的！物理也可以是很人文的東西！

導讀

# 雋言雋語，處處機鋒

科普作家 張之傑

台灣的科普書絕大多數是翻譯的，其中以譯自英文為主。即使原作係其他西方語種，也大都譯自英文版。前天收到商務寄來的書籍資料卡，才知道《沙灘上的愛因斯坦，生活中的相對論》直接譯自法文版。作者馬克．拉謝茲－雷伊，是法國國家科學研究中心的天體物理學家暨宇宙學家，也是知名科普作家。譯者哈雷，是物理學博士，現為自由譯者。

我也曾經翻譯過書，深知譯好一本書至少要有三個條件：其一，讀得懂原文；其二，了解書中的內容；其三，能夠運用中文妥適表達。《沙灘上的愛因斯坦，生活中的相對論》的作者是天體物理學家，譯者又是物理博士，「本行譯本行，這書大概不會差。」我心裡這麼想。

接著收到寄來的《沙灘上的愛因斯坦，生活中的相對論》編稿。我眼睛不好，特地到影印店列印成Ａ３尺寸。展讀之下，除了被譯者的譯筆吸引住，也為作者的寫作手法吸引住。我不禁想起法國電影，不論哪個類型的法國影片，或多或少都帶點浪漫氣息。

怎麼說呢？浪漫存在於書名，存在於結構，也存在字裡行間。書名取為《沙灘上的愛因斯坦，生活中的相對論》，或許和法國人喜歡徜徉於度假勝地蔚藍海岸的沙灘有關，具有清靜閒適的意涵，也有放緩腳步沉思冥想的意涵，將令人仰之彌高不敢接近的「愛因斯坦」變得可以親近。

《沙灘上的愛因斯坦，生活中的相對論》共八章，如果加上前言及後記，實為十章。一至八章，每章有若干小節、邊欄（知識星球）、漫畫圖解，以及一句愛因斯坦的名言。前言及後記不分節，也沒有邊欄、圖解，仍有一句愛因斯坦的名言。

試看《沙灘上的愛因斯坦，生活中的相對論》的前言：「叛逆！革命性的天才」，這是多麼活潑的標題！前言以四頁篇幅，簡介愛因斯坦的一生。所附愛因斯坦名言：「這世界最費解的，是它竟可被理解。」這使我想起凱撒的名言：「我來了，我看見了，我征服了。」同樣豪壯而有自信。恆星的光熱來源，以及宇宙的從無到有，原本無從理解，是愛因斯坦找到了理解它的門徑。

再看第一章：「什麼？狹義相對論居然挽救了物理學？」又是個吸人眼目的標題！這章的主旨，正如作者所說：「十九世紀的物理學家面臨一個難題，為何光與物質有不同的特性？愛因斯坦在擺脫古典的絕對時空概念後，以他的狹義相對論解開這個謎團。」這章有二十六頁，含十個小節，另有四則邊欄、六幅圖解。

為了讓讀者從篇幅最大的第一章，略窺這本書的梗概，僅將十個小節一一列出。截長補短：伽利略與愛因斯坦、全新的相對性原理、腦筋炸開的速度問題、一場顛覆世界的概念革命；時空：物理學的新歸宿、人人都擁有一條世界線；物理之前一律平等：沒有優先的「方向」、「真正的時間」根本不存在！、固有時間和表象時間；神祕現象：雙生子「悖論」。其中雙生子悖論常引入科幻小說，喜歡科幻的朋友大概都不陌生。

筆者對現代物理學所知有限，但從引述的十個小節，也大致看出這章的立意。是的，這章闡述因愛因斯坦提出狹義相對論，使得物理學有所突破。在科學史上，當一個典範已經確立，經過相當時日，往往出現另一典範使之煥然一新。一點兒也不錯，正如標題所說：「狹義相對論居然挽救了物理學！」表述方式雖有點兒浪漫，卻是事實。

讓我們再從第一章的「知識星球」、漫畫圖解做進一步觀察。四則「知識星球」是：一九〇五年：「愛因斯坦的奇蹟年」、戳破謊言：不存在的以太、時空中的閃電俠：光速、時空之中的因果關係；六幅漫畫圖解是：邁克生—莫雷實驗（證實光不適用運動定理）、時空中的兩條世界線、過去和未來的因果關係、世界線（以上說明牛頓物理和愛因斯坦物理有關時空觀念的差異）、朗格文的雙生子、非同步的時鐘（以上說明雙生子悖論）。看了邊欄和圖解，對這章的了解是不是更清楚了？

《沙灘上的愛因斯坦，生活中的相對論》每章（包括前言和後記），都有一句愛因斯坦名言，第一章引述的是：「凡事都應該弄得愈簡單愈好，但是別把它簡化了。」一九〇五年愛因斯坦一連發表五篇論文，其中兩篇奠定狹義相對論的基礎，包括提出質能轉換公式$E=mc^2$。公式很簡潔，但大至宇宙，小到基本粒子，無不包羅其中。《維摩經》：「以須彌之高廣，內芥子中，無所增減。」差可比喻。

第二章「廣義相對論反映出宇宙的幾何性質」，介紹愛因斯坦的廣義相對論，包括科幻小說常出現的時空彎曲。牛頓認為，重力是一種在絕對空間和絕對時間作用的力，但在廣義相對論中，愛因斯坦將之轉變成幾何特性，也就是時空曲率。自此絕對空間的概念消失，而代以相對時空。時空的所有特性，都由宇宙所含物質的能量決定。

第三章「來驗證愛因斯坦的理論吧！」介紹驗證愛因斯坦的三個經典實驗，包括水星軌道近日點的進動現象，觀測日全食證實光線偏折現象，以及不同高度的重力差異測得光譜偏移。結論是廣義相對論並沒結束理論物理學家對時空和重力的研究，故事還沒完呢。

第四章「這才叫真正的宇宙科學！」；第五章「話說從前……宇宙的悠久歷史」；第六章「看！就是那一道來自遠方的光！」；第七章「相對論在宇宙學的優秀表現」；這四章都屬於宇宙學，內容包括宇宙膨脹、大爆炸、中子星和黑洞等等。讀過這幾章，我不禁想起霍金的科普名著《時間簡史：從大爆炸到黑洞》。

霍金的這本名著有四十多種語文譯本，銷售量超過一千萬冊，堪稱有史以來最暢銷的科普書。不過暢銷並不意味著容易讀，有人評為unreadable bestseller（讀不來的暢銷書）並非過分。我曾認真讀過，確實讀不來。然而《沙灘上的愛因斯坦，生活中的相對論》我卻讀得來，而且讀出趣味。我想，作者馬克．拉謝茲—雷伊如有霍金般的名望，《沙灘上的愛因斯坦，生活中的相對論》受歡迎的程度將不亞於《時間簡史：從大爆炸到黑洞》。

該書第八章「尋找愛捉迷藏的重力波」。這章包括四個小節：廣義相對論的驚人預測！、來嘗試探測吧！、歷史性的宣布、重力天文學終於誕生了！從小節的題目可以看出，這章的內容側重廣義相對論的預言性，以及重力天文學的誕生。

該書後記「等著被超越的天才」，引述的愛因斯坦名言：「對每一個能應用在某方面的物理理論來說，最好的命運是被合併到另一個理論中，以成就更全面的理論。」愛因斯坦以他的狹義和廣義相對論，顛覆了傳統物理學，也顛覆了牛頓以來所沿用的時間、空間和物質概念。然而故事還沒完，廣義相對論不可能是終極理論，它遲早會被超越，只是我們不知道是什麼時候。

拉雜寫來，這篇推薦文其實是篇讀書報告，以我的背景，大概也只能如此。關於讀書報告，我對學生的要求是：「讀書報告不是敘寫感想，而是讓人知道這本書有哪些篇章，各有什麼內容，讓沒看過這本書的人也能知其梗概。」當然啦，讀書報告只是粗略地畫個輪廓，至於這篇推薦文的題目何以取為「雋言雋語，處處機鋒」？請看原書。

前言

# 叛逆！革命性的天才

阿爾伯特・愛因斯坦（Albert Einstein）這個名字，大概從一個世紀前就成為天才的同義詞。他推動了許多物理領域的發展，被公認為有史以來最偉大的科學家之一。他最被人推崇的工作，是在二十世紀發表的兩個基礎理論：一九〇五年的狹義相對論與一九一五年的廣義相對論。愛因斯坦徹底顛覆了時間、空間與物質的既定概念，在科學史甚至是思想史上，掀起了一場獨一無二的巨大革命。

一八七九年三月十四日出生於德國[1]烏姆的他，在童年並未展現出過人的天分，反倒在語言學習上有困難。學業上也出現了些問題，但主要是因為他蔑視權威，而且這種態度終其一生都沒變。教師都視他為頭痛人物，不過他還是對物理和科學產生極大興趣，也得到很好的成績。十七歲那年，他二度參加瑞士蘇黎世聯邦理工學院入學考試終獲錄取，前一年沒考上是因文科成績不夠高。但那之後他的不守成規依舊為自己招來不少批評，雖說也順利在一九〇〇年取得了學位，但成績並不出色。

接下來兩年，他一邊靠自學加深自己的知識，一邊多番嘗試找大學教職卻徒勞無功，最後只好放棄。一九〇二年他在瑞士伯恩專利局擔任「三等技術員」，職責是評估各種專利申請的價值。這份工作能讓他在業餘時間繼續自己的研究，以取得博士學位。對年輕的愛因斯坦而言，這環境簡直完美極了：研究傑出物理學家和哲學家的工作之餘，還能跟朋友討論；而一些他曾過目的專利案件當然也對他造成影響。

一九〇五年是他的「奇蹟年」，還沒拿到博士學位的他，卻在幾個月內連續發表五篇重量級論文。其中兩篇為他的狹義相對論奠定基礎，自古以來的「絕對」時空概念就是被這兩篇論文打破。他著名的方程式$E=mc^2$就從其中一篇論文而來，另一篇則被看作是量子物理發展的起點。

直到一九〇八年，愛因斯坦才終於在伯恩大學取得教職，自此他在科學界的聲望扶搖直上。雖然教學的同時也得舉行不少講座，但他仍在努力拓寬狹義相對論的適用範圍；他認為這還不夠完整，因為沒把重力考慮進去。一九一五年底，他已是當時世界最有名的科學殿堂——柏林大學的教授。此時他終於完成了廣義相對論，不僅整合一九〇五年狹義相對論的成就，也以嶄新的全幾何方式描述萬有引力。這個理論在一九一六年正式發表，但首次獲得實驗的驗證是在一九一九年五月二十九日日全蝕期間的天文觀測，這為愛因斯坦帶來無上的榮耀。媒體和大眾都愛死了他的科學天賦、叛逆的精神、鏡頭前的詼諧形象、甚至是他開的玩笑……他在一九二一年的美國之行，就受到大眾的熱烈歡迎。

不過廣義相對論要引起其他物理學家的興趣並不容易：因為它本身就是一個艱澀的理論，最重要的是它沒什麼具體的應用。而愛因斯坦從一九一七年起，就將它應用於宇宙方面的研究，奠定了相對論宇宙學（cosmologie relativiste）的基礎。這領域的研究後來由比利時物理學家勒梅特等接力傳承，持續數十年後才有一定進展。

其實從六〇年代開始，廣義相對論和相對論宇宙學才從一些天文觀測中找到了決定性證據。愛因斯坦以他掀起的「三次相對論革命」——狹義相對論、廣義相對論、相對論宇宙學，超前了一大步！

不過他的貢獻不止於此，因為他也是量子物理的奠基者之一。這個物理理論又屬於另一個領域，是描述物質與輻射之間的交互作用，基本上屬於超級微觀的尺度，跟廣義相對論和宇宙學這種超巨觀尺度差了十萬八千里。愛因斯坦在一九〇五年發表的其中一篇論文中所提出的「光量子假設」，就是量子物理的開端。他也因此在一九二一年拿到諾貝爾物理獎，但他卻沒因為貢獻相對論而獲獎！

「這世界最費解的，是它竟可被理解。」阿爾伯特—愛因斯坦，一九三六

矛盾的是，愛因斯坦對量子物理的發展批評甚多。之後從二〇年代開始直到生命的盡頭，他都致力於發展「統一場論」（théorie des champs unifiés），期望能以同一理論描述重力和電磁力。他的嘗試失敗了，但從五〇年代開始一直到今天，物理學家持續尋求統一描述的方法，例如試圖把重力和量子物理打包在一起的「萬有理論」……

愛因斯坦從一九三二年起到逝世的最後這段時光是這樣度過的：在希特勒掌權前不久，他就離開德國到美國定居；之後成為普林斯頓大學的教授，並以自身的名望支持和平主義與反納粹主義。一九三九年八月他寫信給當時的美國總統富蘭克林．羅斯福（Franklin Roosevelt），並在信上陳述納粹德國擁有的鈾可用於製造原子彈，這封後來舉世皆知的信推動了發展美國核武的「曼哈頓計劃」。不過一九四五年愛因斯坦又寫信給小羅斯福，懇求他放棄這種武器。他在戰後也積極從事世界解除核武行動。

一九五五年四月十八日，在普林斯頓，愛因斯坦因動脈瘤破裂而離開人世，他死前還在努力準備講稿、研究統一場論。科學和人道主義一直伴隨他到人生的最後。

---

1 此時期的德國應稱作德意志帝國(Deutsches Reich)。

第一章

# 什麼？狹義相對論居然挽救了物理學？

十九世紀的物理學家面臨一個難題：為何光與物質有不同的特性？愛因斯坦在擺脫古典的絕對時空概念後，以他的狹義相對論解開這個謎團……

## 截長補短：伽利略與愛因斯坦

十七世紀的義大利，天才伽利略（Galilée, 1564-1642）發表了一個通用於物質運動的定理，就是後來的相對性原理。而在一九〇五年，年輕的愛因斯坦成功將其延伸到電磁波的傳播，包括可見光與紅外線、紫外線、無線電波等不可見輻射都能適用。最重要的是，愛因斯坦成功讓自己的相對性原理（即我們現在說的狹義相對論）延續伽利略的版本。

不過與此同時，他也與這個文藝復興的學者在運動學領域上分道揚鑣。運動學是描述「自由」物體（不與其他物質相互影響）如何運動，與動力學這個描述力如何影響物體運動的領域完全相反。愛因斯坦用一個嶄新的方式徹底顛覆了伽利略運動學：時間與空間的概念從原先的各自獨立變成緊緊相依，還有意想不到的特性。

## 全新的相對性原理

到底這個由伽利略先提出，再被愛因斯坦發揚光大的相對性原理是什麼？其實他們兩位想表達的東西都一樣：「物理定律不會因為『觀察者』間（負責測量的物理學家）的相對移動而有所差異。」

不過有個重要前提，就是這些觀察者都得處於慣性狀態，就是說他們不受任何外力影響，單純隨著慣性移動或靜止。所以不管是火箭上被發動機推進的太空人，或是受太陽引力影響的行星等，都被排除在外。所有處於慣性的觀察者，彼此都以等速（直線方向固定速度）分離或靠近（如慣性原理所描述）。

靜止（不移動）的觀察者當然也處於慣性狀態。所以相對性原理等於表明，對所有處於慣性狀態的觀察者來說，不管動還是不動，觀察到的物理定律都一樣。伽利略當年以一句「（等速）運動跟靜止沒有區別」來概括此原理的精髓。

「相對性」這個術語由此看來的確名副其實。此原理意味著，所有處於慣性狀態的觀察者，在物理定律之前一律平等，不會有半分差異。在這種情況下，根本無從認定自身或旁人有無移動。換句話說，唯有觀察者之間的相對運動能被彼此察覺。至於能讓所有觀察者有同樣感受的「絕對運動」或「絕對靜止」是不存在的。

伽利略的相對性原理是牛頓物理學的基礎，也是這兩位學者在其理論中對於空間和時間的概念。

愛因斯坦成功將此原理擴展到電磁學的定律與現象。電磁學理論是一八六〇年代由蘇格蘭物理學家詹姆斯・克拉克・馬克士威（James Clerk Maxwell）所提出，他成功將電與磁統歸於同一現象。愛因斯坦將相對性原理做此延伸後，由此打造出自己的狹義相對論。與伽利略的原始版本一樣，只對處於慣性狀態（等速運動）的觀察者適用，但又多涵蓋了電磁學的範疇。這個改變相當關鍵，正如愛因斯坦所理解的那樣，這意味著絕對時空的概念就此消失，被相對時空的概念所取代！大約十年後，愛因斯坦又進一步將此原理擴展到連非慣性狀態（非等速運動）的觀察者也適用。這就是廣義相對論（下一章會提到相關細節）的雛形，就是這個定律操縱了「變形」的時空。這又是另一個重量級理論……

## 腦筋炸開的速度問題

為何愛因斯坦要與時間概念分道揚鑣呢？

因為伽利略運動學有一個意想不到的問題。之前提到過，運動學是用來描述不受外力干涉的「自由」物體運動，而這樣的運動基本上只與時間和空間有關！所以從運動學可看出空間與時間的特性，以及兩者之間的關係……

伽利略（或牛頓）運動學有個既明顯又通俗的特性：物體的相對速度可用簡單的疊加計算。比方說有個人在速度為 $V_1$ 的火車車廂內以 $V_2$ 的速度前進，那此人相對於鐵軌的行進速度就是 $V_1 + V_2$。這道理看似理所當然，卻隱藏著一個大問題。

事實上，十九世紀的物理學家漸漸發現光似乎不符合這個定律，因為不管光源移動的速度多快，光速本身完全沒變！一八八七年邁克生－莫雷的關鍵實驗（見下頁，圖一）證實了這明顯的反常。此時科學界才開始接受這個事實：光不

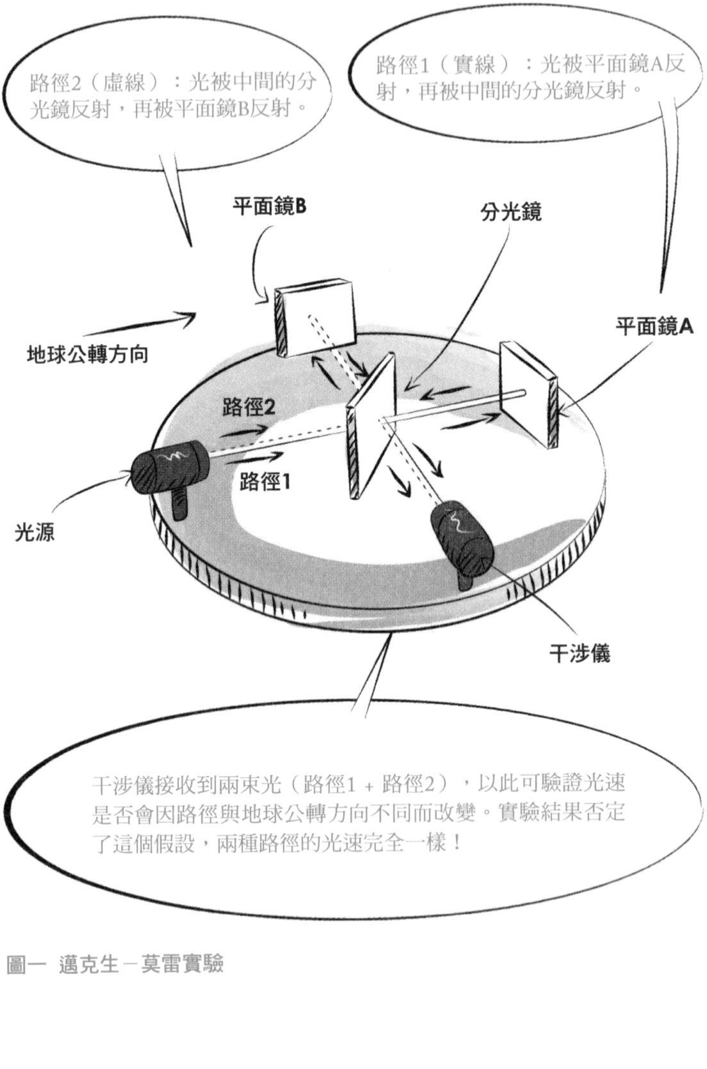
路徑2（虛線）：光被中間的分光鏡反射，再被平面鏡B反射。
路徑1（實線）：光被平面鏡A反射，再被中間的分光鏡反射。
平面鏡B
分光鏡
平面鏡A
地球公轉方向
路徑2
路徑1
光源
干涉儀
干涉儀接收到兩束光（路徑1＋路徑2），以此可驗證光速是否會因路徑與地球公轉方向不同而改變。實驗結果否定了這個假設，兩種路徑的光速完全一樣！

圖一 邁克生－莫雷實驗

適用物質的運動學定律。但若運動學是用來描述空間和時間的基本關係，那要如何解釋這個反常？時間與空間的基本特性怎會因為通過的是光而有所差異？這可真是個大難題……

有些物理學家找到了解決辦法。二十世紀初，喬治・費茲傑羅（George Fitzgerald）、亨德里克・勞侖茲（Hendrik Lorentz）和亨利・龐加萊（Henri Poincaré）不約而同為這個棘手的問題提出一種解決方案，就是修改運動學定律中的速度疊加公式：不再用簡單的相加，而是更詳細的新公式，也就是後來的「勞侖茲轉換」（transformation de Lorentz）。這個公式的優點在於能同時應用在物質和光的運動。

當物體的速度不快，新公式算出來的結果會跟舊公式的直接相加沒兩樣。伽利略版舊公式的精確度，其實足以應付日常生活。

當其中一方的速度為 c（光在真空中的速度），用新的速度疊加公式算出來的結果會一樣是 c，這完美解釋為何光速始終不變！該公式也暗示物質絕不可能達到這個速度，c 因此成為絕對限制。

雖然新公式能解決問題，但竟是以一種奇怪的方式來「攪和」時間和空間，很難與慣用的時空觀念聯想在一起，這個難解的謎直到一九〇五年才真相大白。愛因斯坦這時了解到，他可能需要徹底大改造伽利略和牛頓使用的古典框架，尤其得拋棄絕對的時空概念。不久後，德國物理學家赫爾曼・閔考斯基（Hermann Minkowski，也是愛因斯坦的老師）提出四維時空概念，不但被認為是最適合用來作為新運動學的座標轉換框架，也被用作愛因斯坦狹義相對論的數學形式。

## 一場顛覆世界的概念革命

愛因斯坦明顯感受到，必須放棄牛頓定義的絕對時間與絕對空間的概念。我們所有對唯一時間和唯一空間的感受只是種錯覺，與真實的物理並不相符。我們所經歷的「時間流逝」，其實對每個人來說，流逝的是個人的「固有時間」，我失去的時間跟你失去的時間，之間沒有任何關係或共通點。而在地球上的我們，彼此的固有時間上差異極小；這讓我們這些地球人可以忽略彼此的差異，並把「我們」的時間當成唯一的時間表達方式，這就是我們慣用的「世界時間」（見參考資料：《在時間中旅行》）。

這場概念革命要如何與我們眼中的世界相呼應呢？其實問題在於精確度……我們「一般」能測量的精確度很有限，幾乎觀測不到時空造成的細微影響。這個由全人類和周遭（包括地球、甚至整個太陽系）所組成的「系統」可因此視為同一個實體，對整個宇宙來說只是滄海一粟。以這樣的近似條件，這個實體就能有一個全人類都通用的固有時間，我們稱之為「世界時間」。

這樣的時間系統在日常生活中可順利運作，只要沒有過分要求精確度，大部分的物理實驗結果也會符合。但當精確度要求更嚴苛，就不能把全人類和全地球當成同一個實體看待；也就是說不能再假設所有人的時間都「同步」流逝。但無論精確度如何，這樣的假設對於加速器中的粒子或宇宙射線（其實也是粒子，不過是被宇宙自然加速的高速粒子）等超高速移動的物體都不適用。

以我們今日能達到的測量精確度，其實不足以察覺到地球上沒有「共同時間」。但不管是在基礎上還是概念上都要了解，讓宇宙萬物用單一的時間系統以調和所有自然現象是不可能的。單一時空的概念不僅過時，在當前對世界本質的理論或哲學的反思也不再重要。每個人有各自的固有時間，此乃思考事物的主要概念，而非讓世界運作的方式，而是我們觀察世界的方式……

還好有一個絕對框架可以用，可以完美定義並解釋所有自然現象，就是「時空」。它的幾何特性定義明確，所有物體、觀察者和物理現象都可納入這個共同框架：我們全都生活在這個「時空」，而非「此時此地」。

愛因斯坦的狹義相對論就是基於「時空」這個框架。它的誕生讓自然定律如魔術般，以優雅簡約的方式表現出來。比方說在速度疊加方面，二十世紀初把物理學家搞得昏頭轉向的勞侖茲轉換，到了愛因斯坦手上卻能以簡單的時空旋轉闡釋（換句話說，就是以四度空間旋轉代替三度空間旋轉）。速度的變化（我們通常說的）只不過是以另一個角度來看時空。至於運動學，原本指在一段時間內的變化，到了時空中就變成一種幾何型態，即「時間幾何」（chronogéométrie）。

另外像牛頓力學關於慣性原理的描述：「自由物體，不是保持靜止，就是等速直線前進」。在狹義相對論，這個定理就變成：「自由物體，會在時空中直線前進」。描述跟概念都簡化多了……

用愛因斯坦的理論來描述物理定律會簡單很多。當然不能僅憑這點來證明它是正確的……但許多物理學家（包括愛因斯坦本人）都認為精簡和統一性是良好理論的特徵。一直都有人懷疑其正確性，所以最終還是要與實驗結果對照，愛因斯坦也始終堅持這點：理論光是優雅簡約不夠，還要符合實驗結果。物理世界是很嚴苛的！從這個角度來看，狹義相對論已經通過所有試驗，證明自身的卓越。

## 時空：物理學的新歸宿

從數學的角度來看，時空是一個四維實體，跟曲面（二維）和空間（三維）是一樣的概念。數學家用「流形」（variété）這個術語稱之，以避免用「四度空間」這種讓人容易混淆的表達方式。

時空的本質來自於本身具體的幾何特性，相對論所有（看起來）獨特的見解都是從中而來。首先要解釋數學家常說的「度量標準」，這是用來測量的數學單位。我們之所以能測量一般空間（即歐幾里得空間）的角度和長度，是因為這個空間有屬於自己的度量標準，時空幾何可用類似的方式來定義和測量相對的角度與長度。不過「長度」一詞在時空中並不適用，因為這會讓我們誤認為是「空間」中的長度或要在空間中測量，比較精準的用詞應該是「度量間隔」。在一般空間中，每條曲線都有一定長度（由空間度量標準定義）。在時空中的每條曲線，也都有一定的度量間隔。但在時空中有幾種不同類型的曲線。最令人感興趣的是代表歷史和過程的曲線，稱為「時間類」，而它們的「長度」（即度量間隔）就代表這段歷史或過程的持續期間；我們將這段經歷此歷史的實體親自「測量」的期限，稱作「固有期限」。從這裡開始應該可以注意到，時間概念已經消失了，等等再回來談。

如同我們以歐幾里得幾何來描述一般空間，時空幾何的描述方式被稱為勞侖茲幾何或閔考斯基幾何（勞侖茲和閔考斯基都有參與狹義相對論的發展），在這方面最好多使

> 「凡事都應該弄得愈簡單愈好，但是別把它簡化了。」
> ——愛因斯坦

用「時間幾何」此術語來代替「幾何」。

## 人人都擁有一條世界線

在時空中的每一個點都代表一起事件。在牛頓物理學中，事件既是空間中的一個點（發生地），也是時間上的一個點（發生時刻）。物理學主要討論事件本身（像粒子間的碰撞、放射或吸收光等），但如同之前所說，物理學也探討很多關於事件發生過程或是其「歷史」。每一個實體（不管是粒子、物體、還是物理觀察者）都有屬於自己的歷史，由其一生經歷的所有事件串聯而成。這種歷史被稱為生命線或世界線，每段世界線都代表這個實體其中一部分的歷史。

每個事件在時空中都添上一點，那一連串的事件就能在時空中連成一條曲線，即世界線。每個實體在時空中都可用世界線來表示，線上的每一點代表它在生命中所經歷的每一瞬間（都算一起「事件」）。

但並非每條在時空中的曲線都是世界線，世界線只是勞侖茲幾何描述的一種特定類型曲線，一種「時間類」曲線（不過要注意，這並不代表時空中有時間概念！）。勞侖茲幾何的度量標準賦予每段曲線一個「度量間隔」（類似長度的東西），就像歐幾里得空間中的每段曲線都有自己的長度一樣。但在時空中的每段曲線都對應到該物體的其中一段歷史，其「長度」就對應到這一生的「期限」；這裡應該要說成「固有期限」（而不是簡化為期限），這樣才能提醒我們，這是只對該實體有意義的概念，跟時間無關。（一般來說）這個固有期限就是物體自身感受或觀察到的期限。

每條世界線都代表一個實體，甚至可以說，這個理論將一個實體跟運動學有關的一切，以一條世界線表示（廣義相對論也是如此）。在不受外力干擾（慣性狀態）的情況下，線就會是直的，以相對論的角度來看牛頓的慣性原理就是這樣。當我們忽略來自其他恆星或行星的引力造成的影響，就能把太陽當成一個處於慣性狀態的實體，並將它的世界線看成是直的。但在真實的宇宙中，幾乎所有實體都會受接觸力或重力等影響。不過我們可以將光子（光線擴散即為光子傳播）當成慣性運動中的粒子。

一個實體一生所經歷的固有期限，對應其世界線的度量間隔。若將「固有期限」看作曲線在時空中的「長度」，可了解其意義不過是該實體「存在」的痕跡，而連續的痕跡形成了世界線。所以世界線並不是我們一般說的「時間」，這裡冠上「固有」以區別。其實每個人（或觀察者）在自己的固有期限上，都可找到任何自己曾經歷過的事件，並在自己的世界線標記事件發生處。但若是該事件或歷史發生在別的世界線，就無法標記了，因為自己的世界線上就是沒定義這個事件。例如地球人無法用固有時間或固有期限去標記在火星發生的事。愛因斯坦也清楚表明，為兩個不同的實體定義一個「共同期間」（絕對共通的時間）是不可能的（除非精確度要求不高，分不出來）。

時空中除了時間類曲線外，還有「光類」曲線；它代表的並非實體，而是光的路徑，也就是光子的世界線。這些曲線當然不屬於時間類，它們的度量間隔（固有期限）永遠為零。因為在愛因斯坦的理論中，光速永遠不變！所以整個時空「從光子的角度來看」，從光子被發射出（即使從遙遠的銀河另一端）直到它被接收（我們暫且不談，因為這是第三種被稱為「空間類」的曲線），中間是毫無停滯的！

## 物理之前一律平等：沒有優先的「方向」

不受外力影響而處於慣性狀態的觀察者，會在時空中筆直等速前進。要改變速度就得受力，受了外力就不再處於慣性；世界線也會因此彎曲，因為在時空中改變速度相當於改變方向，也就是轉彎。

每當觀察者改變速度，其世界線就會跟著轉向。兩條直線之間的角度代表觀察者的相對速度（見圖二）。

相對論原則主張每個方向都是等價，沒有哪個方向特別重要。當然我們希望自己的世界線能扮演主要角色（就像我們慣用的世界時間一樣）。但這樣就會有主觀看法，看起來就像在宇宙中選擇一個特定對象（這種情況就是自己），並把它當成「絕對靜止」，其他物體都是相對運動。這只會違反相對性原則，因為別的物體也有同樣權利說自己唯一靜止，是其他東西在動！無法在物理系

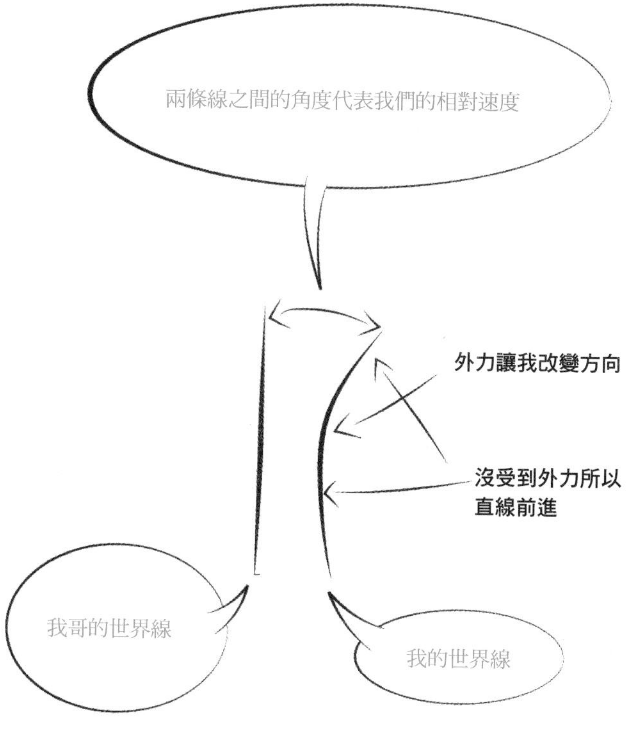


圖二　時空中的兩條世界線

統中指定任何物體扮演絕對靜止的角色，也是時空的一種特性，稱為各向同性（isotropie）。

時空的各向同性今日被認為是物理學最堅固的基礎之一；物理學家也把它稱為勞侖茲不變性（Invariance de Lorentz），因為這代表時空的旋轉對稱性，再回想一下，這就是所謂的勞侖茲轉換（Transformation de Lorentz）。邁克生和莫雷的實驗結果（見「知識星球　戳破謊言：不存在的以太」）可看作是這個特性的初期驗證。如果這個特性無法得到驗證，就表示時空中存在一種特殊的方向性，那這個方向就能被當成「時間」；這樣的方向性其實跟各向同性比起來也沒有正常到哪裡去！

## 「真正的時間」根本不存在！

我們很常聽聞這種說法：「根據愛因斯坦的相對論，『每個人的時間不會以同樣的方式流逝』」，但其實是對「相對論」的誤解。如前面所說，時間的概念並不存在。相對論只能就觀察者本身的固有期限來討論，而且只對此觀察者有意義。他可在固有期限中定義自己的時間單位，來測量任意一段在他生命中發生的事件長短，像是法國大革命、他的誕生等。在我眼中，我自己的時間流逝，與其他人眼中自身的時間流逝，是一模一樣。但是我自己的時間跟別人的時間沒有直接關聯，更無從比較，就像無法比較從巴黎到里昂、和從洛杉磯到舊金山的路程一樣。

反過來說，我們無法定義一個所有人都絕對適用的整體時間概念（實際上我們只能建立一個「差不多」大家都能用的概念）。我自己的時間只有我自己能百分之百合用，雖然在某些情況下我試著在別的地方使用，但不管怎麼努力，都脫離不了人為操作和專斷的主觀意識；這種自以為是的延伸，一來無法衡量，二來也無任何實際的物理意義。頂多拿來貼標籤，以標記任何事件：例如宇宙學使用宇宙時間，來標記宇宙形成過程中的重要事件，但這些標記與天文物理過程的持續期限無關。

因此，我的固有時間和固有期限只對我自己有意義，唯一可以衡量它們的只有我。不管我有多麼精通愛因斯坦的理論，我頂多只能根據其他觀測來重建火星上發生的任何現象，而無法直接測量該現象的固有期限。

簡言之，A和B兩個觀察者各自的固有時間t(A)和t(B)之間是完全沒關係的：除非A和B相遇，否則這兩人無法在某塊時空區域中同時存在，更無從互相比較！但必須強調的是，無論何種情況，t(A)是從A的角度來看，就像t(B)是從B的角度來看；即使無法定義共同的時間，各自的固有時間依然照常流動。這個想法雖微妙卻很重要……根本無法真正「減緩時間流逝」，或是「拉長（或縮短）期限」。

觀察者A可以在自己的世界線上，測量與他有關的歷史（過程）的固有期限d(A)。另一個觀察者B則無法觸碰這段固有期限，也無從測量。但B可以觀察測量中的A並測量自己的固有期限；B並非要測量A的固有期限，因為根本碰不到，而是要測量自己「觀察A的歷史」這個事件的固有期限。這個觀察的確是B的一部分歷史，B可用自己的手錶測量並得到一個固有期限d(B)，但d(B)跟d(A)毫無關聯。天文學中，d(A)和d(B)的差異被稱為「偏移」（最常見的是「紅移」）。

想像有場持續一星期的超新星爆炸，在超新星旁邊放個碼表計時（假設碼表能準確測量超新星的固有期限），發現爆炸全程$d_{SN}$＝一星期。地球這邊也可觀測爆炸始末，並用碼表（從我們的角度）測量固有期限$d_{obs}$，會發現不會剛好是一星期。這兩個測量的偏移值（或紅移）為$z = d_{obs} / d_{SN} - 1$，唯有在兩個期限相等時才為零，不過一般情況都不會如此（除非巧合）。

我的固有時間當然是沿著自己的世界線流逝。但日常生活中關於時間測量的精確度很有限，因此我的世界線會跟附近的人分不太清。所以我可將自己固有時間的效力延伸到周遭環境，這就是我們日常生活中「時間」概念的真相。所有人都陷入「時間真的存在」這個超真實的幻覺，並輕易用牛頓物理學解釋這一切。但宇宙中也會有不符合這種情況的時候！在天文學、電磁學、衛星導航、地球與太空探測器間的通訊、粒子物理等領域，我們再也無法承認通用時間的存在。雖然這個觀念依舊根深柢固，難以擺脫。

## 固有時間和表象時間

當物質以高速（接近光速）移動時，時空的特性會變得更明顯，我們有時將這種效應稱作「相對論效應」。這種在天文物理、太空物理和加速粒子（在太空或實驗室中）中常見的現象，明顯與「共同時間」的存在背道而馳，所以常讓物理不好的人傷腦筋。

以宇宙射線為例，這些帶電的高能量粒子在太空中傳播。當它們到達地球時，便在海拔數十公里處與大氣層上方的原子相互作用；某些碰撞後放出的高能量又產生了新粒子，就這樣不斷產生連鎖反應，直到碰撞能量不足以產生新粒子為止。最後生成的粒子中，有種叫作緲子（μ, muon）的粒子，本質跟電子很像，但質量是電子的兩百零七倍。緲子並不穩定，在衰變前的平均壽命僅有一點五微秒（百萬分之一秒）。

緲子一旦在大氣層上方形成，會以接近光速衝向地球表面，其中有部分會落在探測器上。地面上的觀察者（實驗室裡的物理學家）便可追蹤（重建）這些緲子為期十幾微秒的「一生」，直到它們消失在探測器上為止。這個結果一點也不奇怪：我們所說的緲子「壽命」（一點五微秒）是它自身的固有壽命，只有它自己能測量（感受）出這個結果，也就是說「以它自己的角度來看」。沒有其他觀察者可以用同樣的角度來看（除非跟這顆緲子共用一條軌跡）！我們說過，這是緲子以自身角度觀察到的自身壽命。緲子和觀察者只能感受各自固有期限的流逝，但兩者不會互相干擾，也不擁有共同時間……

## 神祕現象：雙生子「悖論」

這種固有期間的概念引起許多爭論。其中最著名的一篇，是在愛因斯坦發表相對論幾年後，一九一一年由法國物理學家保羅·朗格文（Paul Langevin）發表。他提出了一個跟雙生子（jumeaux）有關的「思想實驗」（見下頁，圖三）：一個留在地球上，另一個則搭上極快速的火箭前往太空，再折回來跟留在原處的兄弟會合；結果剛回來的這位會發現，怎麼留在地球的兄弟變得比他老？

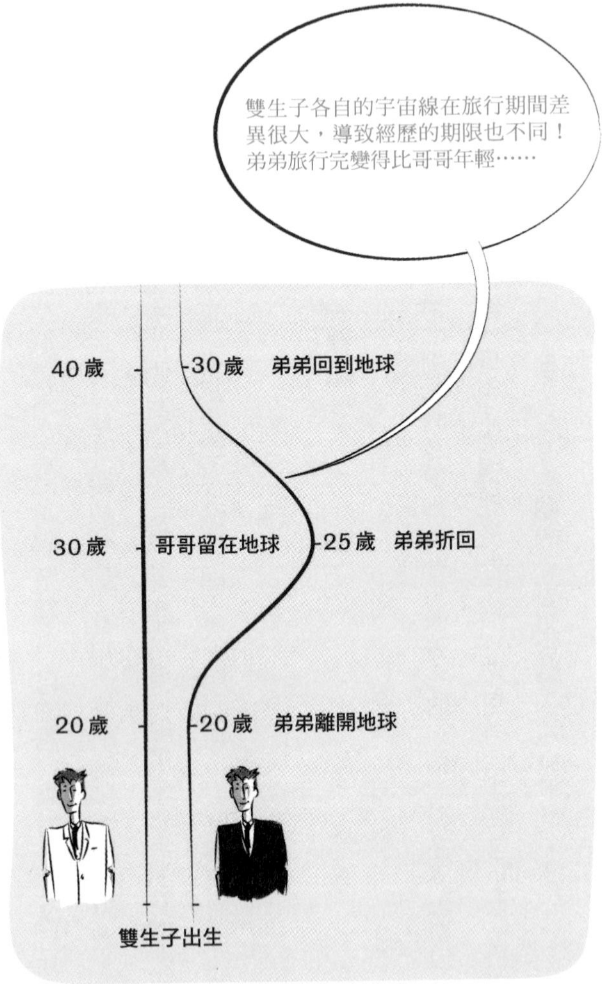


圖三　朗格文的雙生子
在兩次會合之間，這對雙生子各自經歷了不同的期限。
只要不把時間的概念混雜在這種情況，就不會覺得矛盾。

這個著名的悖論其實很容易解釋。這兩兄弟的人生各自獨立，在時空中都有屬於自己的世界線，上面各有一段象徵從分離到相聚這段期間的歷史（這兩段有同樣的起點和終點）。但雙生子各自經歷（感受、測量出）的固有期限，對應到這兩條世界線的「長度」，是完全不同的。兩者完全獨立，價值也不同。

為了解答這個常被提出的問題，我們必須明白這對雙生子的情況並不完全相同，因為他們之間沒有「對稱性」。事實上，上太空的那位經歷了好幾次加速與減速（脫離地球、從太空中折回和降落時），而留在地球的那一位並未經歷這些。

換句話說，上太空的那位，世界線在這段期間會較為捲曲，因為在時空中可從曲線的轉彎幅度看出經歷過的加速度。相反地，留在地球上那位（處於慣性狀態）的世界線看起來就會像直線。他們的分離和相聚這兩個事件之間，（固有期限的）長度會因捲曲程度有所不同！

一九七一年這個結果被更精確的方法驗證……兩架飛機上各放一台高精度原子鐘，各自在地球的兩端盤旋，一架向東飛，另一架向西飛；第三台原子鐘則留在地球上以供參考（見圖四）。

根據相對論預測，在起飛跟降落之間，三台原子鐘量到的「固有期限」會有差異。結果正是如此，差距在六十到兩百七十三納秒（一納秒等於十億分之一秒）之間。雖然差異很小，但相對論又成功預測了一次！

地球自轉
時鐘H1留在地球當參考
降落後發現時鐘H3慢了
向東邊飛
H3
H1
H2
向西邊飛
降落後發現時鐘H2快了
三段經歷期間都不一樣

圖 四　非同步的時鐘

知識星球

## 一九〇五：愛因斯坦的奇蹟年

一九〇五年，此時的愛因斯坦還在瑞士伯恩專利局工作，負責評估專利案件的價值。他曾寫道：「沒這份工作的話，我會瘋掉。」生活上有了保障，他便有時間思考，並發表五篇掀起物理革命的重量級著作。這一年對他來說是貨真價實的「奇蹟年」！

他在第一篇《關於光的產生和轉變的一個啟發性觀點》中提出的「光量子」假說，後來成為量子物理的基礎，也讓愛因斯坦獲得一九二一年的諾貝爾獎（奇怪的是，這居然是他唯一一座）！

之後的《關於測量分子大小的新方法》和《根據分子的熱運動論來解釋靜止液體中懸浮粒子運動》則與他的博士論文有關。他論證了微小粒子在液體中（完全隨機）的「布朗運動」（mouvement brownien），是與液體分子的碰撞所導致。這個事實也驗證了原子跟分子的存在。

最後兩篇《論運動物體的電動力學》和《物體的慣性與它所含的能量有關嗎？》則是狹義相對論的基礎，他最有名的方程式$E=mc^2$就是從後者出來。

知識星球

## 戳破謊言：不存在的以太

十九世紀的物理學家認為，光似乎是種類似海浪的波；既然像海浪，海浪得靠海傳播，光要傳播當然得有個類似海的媒介，他們稱這種媒介為「以太」（éther）。若光真的得靠以太傳播，根據伽利略與牛頓的運動學，光速一定會隨著光源移動增減。只要多測量幾次光速，應該可以察覺出地球與以太間的相對運動：例如比較沿地球公轉方向發出的光，和反方向或垂直方向發出的光之間的速度差。

一八八七年，美國物理學家阿爾伯特．邁克生（Albert Michelson）與愛德華．莫雷（Edward Morley）使用邁克生發明的精密干涉儀來進行這項實驗。結果否定了這種假設：不管從哪個方向看光速都是一樣，跟光的傳播方向完全無關，毫無「以太風」存在的證據。

知識星球

## 時空中的閃電俠：光速

一六七六年，丹麥天文學家奧勒・羅默（Ole Römer）觀測木星衛星時，首先意識到光速並非無限大，不過當時光速並沒什麼特殊的意義。直到十九世紀情況才有了變化：馬克士威先了解到，光其實是種自然電磁現象。但種種實驗證明，光速絕對不變，不像其他物質可以疊加計算出相對速度。愛因斯坦用狹義相對論來解釋這個奇特之處：由於時空本身的特性，光以固定的速度（用c表示）傳播，其他所有的輻射也以同樣速度傳播。現在的物理學家把c看成是一種自然基本常數，與其說這是光的特性，不如說是時空本身的特性。

雖然我們通常說c大約是每秒三十萬公里或三億公尺之類，但今日習慣用不同單位來表示時間（以秒計）和長度（以公尺計），其實只是「歷史的偶然」。而相對論是將空間與時間合一；在愛因斯坦理論的框架中，使用相同單位來表示長度和時間完全沒問題。天文學家也使用光時（光行進一小時）或光年（光行進一年）來表示距離。在這樣的共用單位系統中，比如說以「秒」或「光秒」表示c，而c直接被當作一（個單位）。這種用法對物理學家來說很方便（省去億來億去的天文數字），但很難用在日常生活中。所以我們還是較常使用公尺和秒，c這個常數只是這些單位之間的「轉換方式」。

自一九八三年起，長度單位的嚴格定義涵蓋了各方面的需求：國際度量衡局規定，一公尺的官方定義變成：光在真空中行進二九九七九二四五八分之一秒的距離。我們可能需要點時間來適應這項定義……

知識星球

## 時空之中的因果關係

既然狹義相對論讓時間概念消失，那大多數與時間相關的特性會跟著消失也就不足為奇了。像是結束、同步、之前、過去、現在和未來等時間順序的概念，都消失得一乾二淨。然而還有一個比時間更基本的特性，就是時空中的因果結構。

我們無法分清兩個事件發生的先後順序，但我們卻能指出它們之間是否有「因果關係」；若有，其中一個是「因」，另一個是「果」。但並非按時間順位來排，因為時間這種主觀看法沒有意義，當然某些極端例子除外。

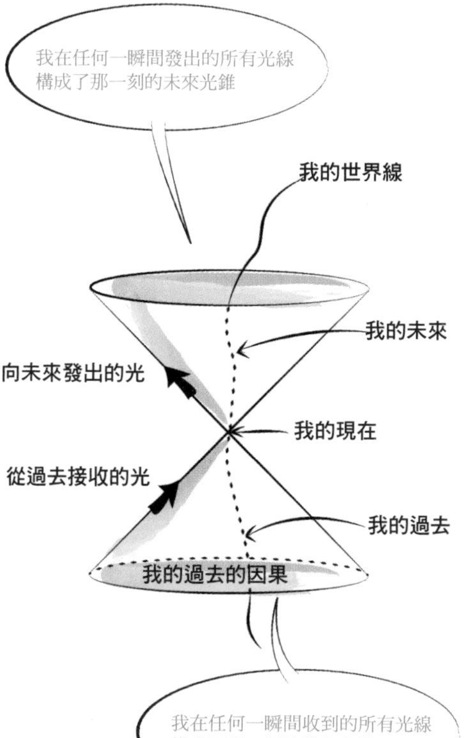


圖 五　過去和未來的因果關係

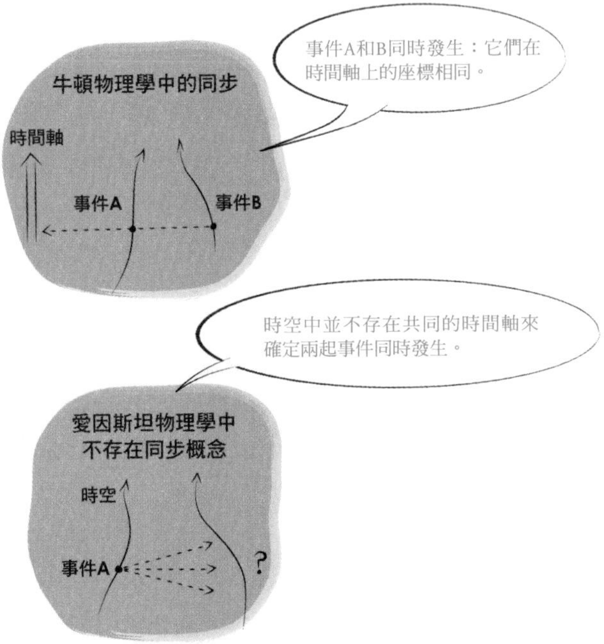


圖六 世界線
兩條世界線各代表一位觀察者。每個人自身所經歷的「固有時間」大小，就是時空中的世界線的「長度」。
但不存在他們兩者「共同的時間」。

# 第二章

# 廣義相對論反映出宇宙的幾何性質

牛頓認為，重力是一種在絕對空間和絕對時間中作用的力。但在廣義相對論中，愛因斯坦將之轉變成一種完全的幾何特性，也就是時空曲率……

愛因斯坦很清楚，他在一九〇五年發表的狹義相對論雖卓越但仍顯不足，因為還無法解釋地球上的自由落體或行星運動等萬有引力現象。所以他仔細研究偉大的物理學家牛頓在十七世紀發表的重力理論：一個看似有用卻潛藏許多基本問題的理論……

## 牛頓眼中的萬有引力

艾薩克·牛頓（Isaac Newton）在一六八七年出版的大作《自然哲學的數學原理》（拉丁語原文：*Philosophiae Naturalis Principia Mathematica, abrégé en Principia*）被公認是現代物理學的基礎，裡頭描述的時間和空間概念被所有物理學家沿用了超過兩個世紀。其中一項重要創新，是引進時時刻刻都適用於宇宙萬物的萬有引力概念。具體說，這代表地球上萬物的重量，和月亮、行星、彗星或天空中的恆星的運動一樣，都是由重力引起。這樣的想法在十七世紀可是場劇烈的革命！

牛頓的萬有引力基本定律主張：「自然萬物彼此間的相互吸引力，其大小與它們的質量成正比，並與它們之間的距離平方成反比。」在牛頓眼中，重力是一種真正強加在萬物的「力」，不僅讓空間中的物體加速並改變運動狀態，也永遠無法消滅。

牛頓的理論使用起來簡直所向無敵，不管是地球上的自由落體，還是行星或衛星的橢圓軌道（如克卜勒〔Johannes Kepler〕觀測的那樣）都能解釋出來。不只「克卜勒定律」描述的橢圓軌道，牛頓理論也可預測彗星的週期性回歸，甚至是新行星的存在（例如奧本・勒維耶〔Urbain Le Verrier〕在一八四六年發現海王星，就是因其重力干擾了天王星的運動）。所有的地球和天體似乎都遵循此理論運行，所以沒理由去懷疑它的真實性！

跟隨前人的腳步，愛因斯坦從概念和哲學的角度審視了這個理論。但此時有個意外的轉變，因為萬有引力理論雖然相當管用，卻有幾個嚴重問題，讓人開始懷疑起這個理論的正確性。這樣的「深度」檢驗，促使愛因斯坦開始一項歷時十幾年的知識追尋。

## 超距力和絕對空間的古怪之處

愛因斯坦對牛頓物理學的第一項批評，就是它純粹將重力當成一種「超距力」來看。物體間沒有任何接觸卻能相互影響，也無法解釋這種作用力要如何傳播，一切就像魔術般令人毫無頭緒！牛頓說空間中有種叫作「重力以太」的介質可以傳播重力，但卻完全提不出支持這種說法的理論。

另一項嚴重的批評，則是針對同樣神祕的絕對空間概念，這是牛頓理論基礎的一部分，看不到也摸不著，無法直接證明其存在，的確讓人懷疑它的真實性。與牛頓同時代的萊布尼茲（Gottfried W. Leibniz）當時已經建議改用空間的「關聯概念」：空間並不是一個可容納萬物的獨立實體，而是萬物間的「相互關聯」。這樣的概念指向一個有趣的結果：完全「真空」（裡頭沒有物質）的空間根本不存在！萊布尼茲堅持的這個獨創概念，後來被哲學家伊曼努爾·康德（Emmanuel Kant）、哲學家兼物理學家恩斯特·馬赫（Ernst Mach）等沿用討論。他們的努力深深啟發了愛因斯坦，並促進廣義相對論的發展。

## 等效原理與變形記

牛頓理論中還有最後一個困擾愛因斯坦的謎團，就是所謂的等效原理（principe d'équivalence）。伽利略已經在這方面提出一些觀點，再被牛頓融入自己的理論中，一樣沒有提出讓人信服的合理解釋。愛因斯坦後來潛心研究這個問題，以此作為反思的方向；不僅在自己的新理論中考慮到這點，並將其作為理論的基礎（從他修改或修正後的公式可看出）：等效原理就是廣義相對論的起點！它扮演如此重要的角色，所以無需任何計算就能預測一些可觀察到的影響；例如本章稍後會談到的光線偏移，就是明顯的例子。

但這個著名的原理宣告了什麼？基本上它更接近伽利略提出（但沒解釋原因）的「自由落體的通用原理」：如果同時從相同高度放下多個物體，不管它們的性質和成分差異多大，都會承受同樣的加速度並同時落地。不管是石頭、瓶子、鎚子、樹幹還是其他東西，都會同時到達地面。

日常經驗看來與此原理不符，大都是因為空氣阻力對物體起了「干擾作用」，在真空中實驗就可驗證。伽利略能提出這項原理其實很不容易，因為他無法具體觀察其真實性（即使傳說他真的在比薩斜塔做過這個實驗）！

牛頓的萬有引力理論表示，「自由落體的通用原理」是指物體所受的重力與它們的質量成正比。準確地說，慣性質量（物體抗拒其運動狀態被改變的性質）就是重力質量（跟慣性質量相反，是被重力影響而改變運動狀態的程度）。「自由落體的通用原理」是在兩者互補下才確保其有效性。

愛因斯坦賦予此原理一個基本特性，並作為廣義相對論的起點。他表示：就局部來說（即觀察者在其所在處進行測量），我們不可能分辨加速度和重力造成的影響，這兩種效應根本無法區分。

要理解這個新概念，可以想像一下「愛因斯坦電梯」這種（最好不要成真）的情況（見圖七）：地面上有個觀察者在電梯中，突然電纜斷了，電梯以固定的加速度自由落下。電梯裡的觀察者會和他身邊的東西一樣，以「飄浮」的狀態，跟電梯以同樣速度往下掉，不再感受到任何力量。對他來說，這情況與身處在太空中無重力狀態（不受任何重力場影響）的電梯內是一樣的。在電梯內，他無從

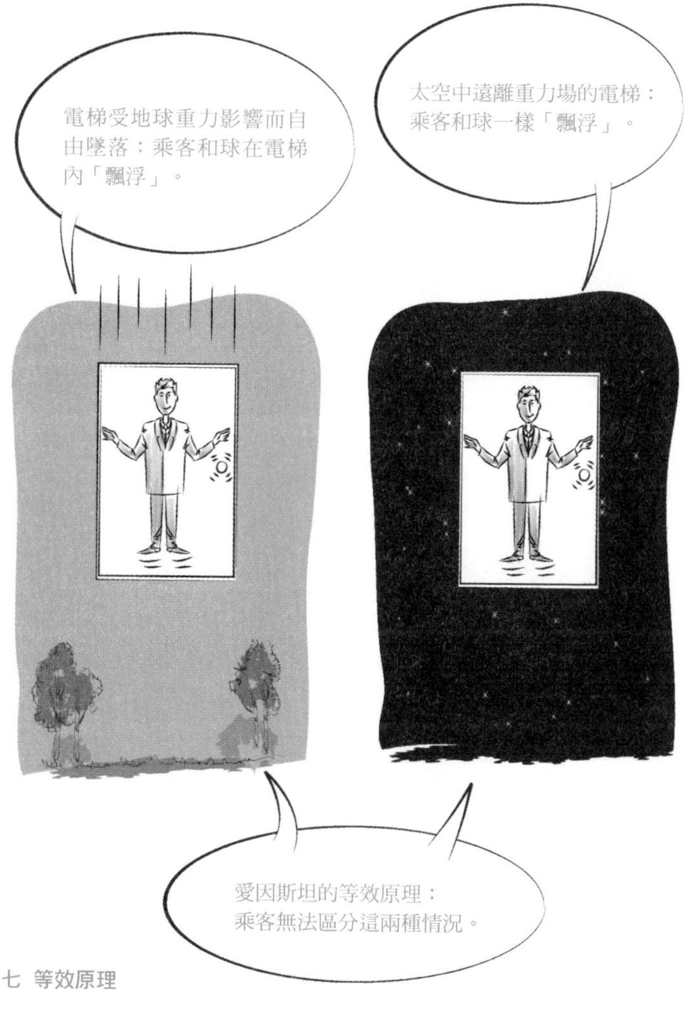
電梯受地球重力影響而自由墜落：乘客和球在電梯內「飄浮」。
太空中遠離重力場的電梯：乘客和球一樣「飄浮」。
愛因斯坦的等效原理：乘客無法區分這兩種情況。

圖 七　等效原理

分辨自己是在重力場內的自由落體電梯中，或是在無重力的靜止電梯裡。加速度剛好抵消了重力的影響，這兩種情境其實效果相同。

愛因斯坦很喜歡進行這種純想像的「思想實驗」。這個電梯實驗是他經過大量反思才成形的（原型不是電梯，而是想像一個工人從屋頂上掉下來），他曾說這是他「一生中最好的點子」。

對於同樣的過程，人們今日可以想像另一種發生在美國舊型太空船上的真實情況。太空船在太空將發動機熄火後，裡面的太空人就會處於失重狀態。一旦發動機重新啟動，太空船會朝一個方向加速，裡頭的太空人就會在反方向重新感受到自己的重量。如果加速度大小剛好等於地球上的重力加速度，那太空船的乘客身處的情況（重量上）會跟升空前沒兩樣；在船內除非透過舷窗往外看，不然他們會無從分辨船到底是在太空中（加速前進）還是在地球表面的重力場內。

我們可從科幻小說或電影情節中，想像出太空船遠離地球到達無重力的太空深處後會如何。由於失重狀態對太空人來說很難受，因此會讓太空船以繞圈的方式模擬出相似的重力（也就是「人工重力」）。由「離心力」產生的加速度可以模擬重力，讓太空人（和物品）能將船內某側內壁當作地板站立。

將加速度效應與重力效應劃上等號，是愛因斯坦最傑出的想法，並成為等效原理的新型態。這個原理的終極意義是：不管是重力影響下，或觀察者速度改變時，物理定律都保持不變。跟之前只適用等速運動的相對性原理相比，愛因斯坦現在有了更「通用」的版本。

## 重新組裝廣義相對論的框架

總結一下愛因斯坦希望他的新理論能滿足的條件。首先，他希望能加入之前沒考慮到的重力現象，來擴展狹義相對論的適用性。接著是解決謎樣的以太問題，要怎麼解釋重力可以在真空中任意傳播？最後是將等效原理納入相對論。好大的工程啊！廣義相對論不但完全滿足這些條件，更厲害的是：經過幾次實驗驗證後，發現它比牛頓物理學更好用，因為牛頓物理學的預測與一些實驗結果不符。

這項工程的前提是保留狹義相對論的主要成果，就是引進「時空」概念來取代以前的絕對時間和空間。此時的時空不再是內含物體的惰性「背景」，而變成一種能包含重力這種特性的動力學框架。

因此，這個理論依舊以「時空」概念為框架。但時空的幾何形狀與狹義相對論用的閔考斯基時空相比要複雜多了。它仍是四維空間，數學家用「曲率」（courbure）來描述形狀。我們可將這種「曲率」想成一種彎曲的表面或立體之類的。而時空的彎曲與宇宙中質量（和能量）的分布一致。

> 「對我們物理學家來說，現在、過去和未來的差別不過是種錯覺，即使感覺特別真實也一樣。」——愛因斯坦

將重力視為時空彎曲，也就是將這兩者當成一樣的東西，正是廣義相對論的基本觀點！我們可將這個表述視為愛因斯坦等效原理的最終形式。

牛頓的理論是怎麼描述重力的？一個巨大的物體S（太陽）隔著很遠的距離，用重力影響另一個物體T（地球）。這個力給T一個加速度，改變它的運動狀態。不過根據廣義相對論，物體S沒產生任何力，但內容物（質量和能量）

可以讓周圍的時空有一定程度的變形，塑造出一個彎曲，「愛因斯坦方程式」（équation d'Einstein）其中一條明確表達了這點。因此，物體T不會受力，但會被迫在扭曲的時空中「前進」，換句話說，就是順著時空的彎曲、沿著時空中某條曲線「前進」；更正確的說法是，沿著某條完全貼合此曲面的「自然」曲線運動，這種曲線又被稱為「測地線」（géodésiques）。當曲率為零，測地線就只是普通的直線，但時空彎曲時不再有直線了！測地線在時空中發揮了同樣作用。地球沿著被太陽彎曲的時空測地線移動，計算後會發現移動的路徑是橢圓形！

廣義相對論的本質就是如此：宇宙萬物間的作用，以往的萬有引力概念，被宇宙整體形成的四維幾何彎曲替代。但到底是怎樣的幾何形狀？這個問題需要進一步澄清。

## 歐幾里得幾何和其他幾何

小學、國中和高中都教的幾何學並非昨天才開始發展，它的所有特性都是希臘數學家歐幾里得（Euclide）在公元前三百年左右（詳細時間已不可考）提出的。被公認為「幾何學之父」的他提出了五條本身無法被推導或證明的公設，但從這五條（幾何）數學公設出發，可推出幾何學上的其他定理。所以一般幾何學就被稱為歐幾里得幾何。

公設中的第五條，也就是最後一條，從歐幾里得時代起就扮演特殊的角色。這條「平行公設」是說：給定一條直線，通過此直線外的任何一點，有且只有一條直線與之平行。以前許多數學家認為這條公設可用前面的四條推出來；能推導出的話，這條就不再是公設，而只是定理。所以很多人開始嘗試推導，幾個世紀以來一堆人前仆後繼，不過都失敗了！到了十九世紀才終於證明這條公設無法被推導。不過可以用與這條公設矛盾的表述，像是「給定一條直線，通過此直線外的任何一點，沒有任何直線與之平行」或「給定一條直線，通過此直線外的任何一點，會有多條直線與之平行」，來替換原本的平行公設，以建立各種不同於歐幾里得幾何的新幾何。這種顛覆意識孕育出了非歐幾里得幾何，上面這兩種表述分別創造出「橢圓幾何」（沒有任何直線與之平行）和「雙曲幾何」（會有數條直線與之平行）。

德國數學家卡爾・弗里德里希・高斯（Carl Friedrich Gauss, 1777-1855）在一八一〇或一八二〇年左右，首次預測到「非歐幾里得幾何」的存在。俄羅斯人尼古拉・羅巴切夫斯基（Nicolai Ivanovich Lobachevsky, 1792-1856）和匈牙利人鮑耶・亞諾什（János Bolyai, 1802-1860）也因各自的貢獻被當成奠基人。隨著研究更加深入，另一位德國人波恩哈德・黎曼（Bernhard Riemann, 1826-1866）將這種幾何形式化，這就是它們現在被稱為黎曼（包括一些偽黎曼）幾何的原因。與歐幾里得幾何不同的是，它們擁有曲率，所以在愛因斯坦的理論中可說是前途無量。因為不管是描述空間的歐幾里得幾何還是描述時空的閔考斯基幾何，兩者曲率都為零。

## 好軟Q！時空的彎曲

狹義相對論所用的閔考斯基（四維）時空沒有所謂的曲率。這很正常，因為該理論還沒考慮到重力。但廣義相對論並非如此，因為愛因斯坦從一九一二年起，就明白他的理論一定得用非歐幾里得幾何。

廣義相對論中的時空更為複雜。任兩點的曲率有可能不同，這取決於周圍的物體。

## 切開！宇宙的剖面

時空和其曲率都很難描述。物理學家為了簡化工作，有時會用極具想像力的方式，將四維時空解構成「一片片的三度空間」，儘管理論上不具太多物理意義。這有點像把一本書（三維）分成一頁一頁（二維），或是將歐幾里得空間視為（無限）堆積的平面。如果時空幾何的結構夠規律，這樣的解構就能提供一個相對簡單的視覺化圖像。

這種人為解構便於將廣義相對論當成一種動態理論來看。將每一片當成不同時段的空間（當然，時間或時段的概念在相對論裡是不存在的，在此我們只嘗試描繪一個直觀的圖像）。時空在此被解釋成三維幾何空間的動態演變（把書中的每一頁想像成同一頁的不同時刻）。每一片都象徵該空間狀態在某確切時期的情況。就像一本書的頁數，我們可用數字為屬於同個空間的每一片標記，作為標記演變的參數。這些參數通常會被理所當然視為「時間」看待（如宇宙學中的「宇宙時間」）。當然這個詞彙用起來不算恰當，因為這個標記用參數，與所謂的「時間」相差甚遠。我們也有其他詞彙可選，隨你高興，但其本質不會變。

與其觀察「整個」時空，不如觀察同個空間隨著「時間」的變化，這較符合我們的直覺，也更容易以熟悉的觀念來理解！不過要注意，即使這看起來像我們所謂的「時間」，也不要忘了這只是人為隨意的解構，而非真正的現實！

## 燒毀吧！那些討厭的問題

總之，這些牛頓理論未能解決、並讓愛因斯坦頭痛已久的問題，總算被廣義相對論解決了。但這個解答裡有一些驚人的創舉。

首先是絕對空間概念的消失，取而代之的是相對時空；而時空的所有特性皆由宇宙內含物質與能量決定。

接著是再也不提超距力了，改說該物體（例如太陽）扭曲了它周圍的時空；這種變形在時空中以光速傳播，最終蔓延到各處。這種變形的傳播可被當成時空的「彈性」效應（我們會在第八章說明，在某些情況下可以捕捉到傳播的過程，這種形式被稱為「重力波」）。由於真空中的光速不變，所以這種「彈性」也不會改變：這兩種說法是等效的。

重力從此有了強力的理論支持，就是時空的彎曲。這個理論取代了牛頓那不太管用的「重力以太」學說。更方便的是，重力即是彎曲本身，繞太陽公轉的行星不過是沿著時空彎曲移動罷了。

最後是一直以來都很神祕的等效原理，現在變成理論的一部分，放在同樣地方的不同物體會被同樣的時空彎曲影響，所以自由落體會同時落地是再自然不過的事。

知識星球

## 千面女郎——「流形」

為了將不同空間的概念以任意維度表現，並考慮到可能出現的彎曲，幾何學家使用「流形」這個術語來概括。線（不管是不是直的）是一維流形，面（平面或球面都是）是二維流形，「我們一般說的空間」（如伽利略和牛頓空間）是三維流形，至於時空就是四維流形。我們亦可使用五維、六維……或n（任意整數）維幾何，雖然可能無法想像，但技術上不會有任何問題！

每種流形都有對應的曲率。歐幾里得幾何類的流形曲率為零（根據定義），但非歐幾里得類則不為零。

半徑為r的球面曲率為定值$1/r^2$。球面中不存在直線的概念，而是以測地線代表「兩點間最短的距離」。球面上，兩點間的測地線就是「大圓弧」（從球心以半徑畫圓通過此兩點的圓周部分），對球面上來說就是這兩點的最短距離。由於兩個大圓弧會在徑向相對的兩點相交，所以球面（屬於「橢圓幾何」的一種）不存在「平行線」。相反地，雙曲面的曲率為恆定負值，也有無數的「平行線」。這種雙曲幾何描述起來就困難多了。我們可以找到相應的三維流形：「球面」曲率為大於零的常數，「雙曲面」曲率則為負值常數。

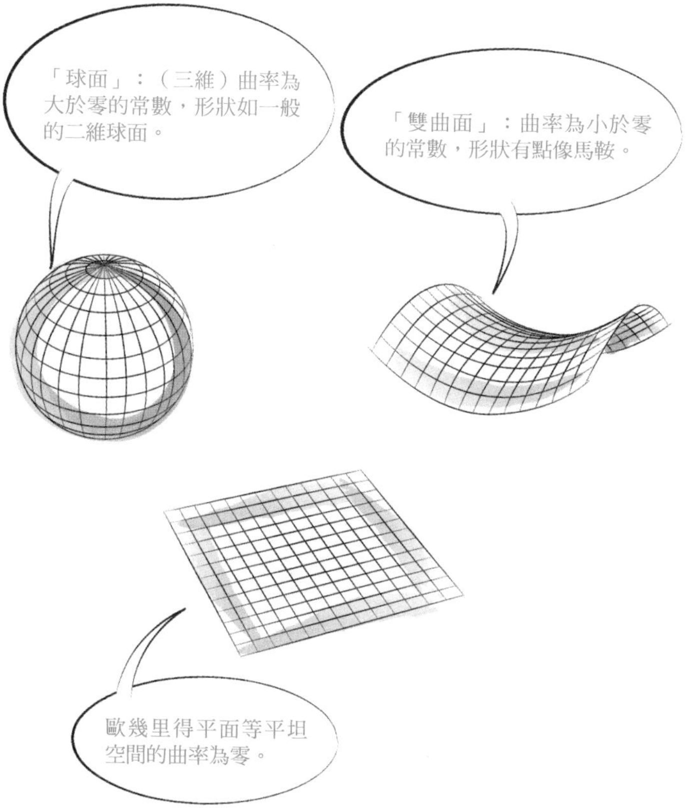
「球面」：（三維）曲率為大於零的常數，形狀如一般的二維球面。
「雙曲面」：曲率為小於零的常數，形狀有點像馬鞍。
歐幾里得平面等平坦空間的曲率為零。

**圖八　幾何彎曲**

# 第三章 來驗證愛因斯坦的理論吧！

其實物理學和其他科學領域一樣，得在理論和實驗之間不斷徘徊才能進步（天文物理的話，就得做天文觀測）。若某個新理論與許多實驗結果非常符合，就可能被看重。若該理論的預測比其他理論更接近實驗結果，或預測出別的理論都測不出的結果，那情況就變得很有趣了。

## 三項愛因斯坦理論的經典驗證

若要驗證廣義相對論是否正確，不是比較預測和已知的實驗結果，就是進行新實驗來進一步觀察。愛因斯坦的理論首先由三項實驗精準驗證，這些在一九一五到一九六〇年間進行的實驗被認為是物理史上的經典。

### 1. 太陽的枕邊人——水星的軌道

太陽系中每個行星都沿著自己的軌道繞著太陽公轉。但這個橢圓軌道並不固定，會緩慢轉動，因為行星軌道上與太陽最近的點（近日點）會稍微移動。這種被稱為「近日點進動」的現象以牛頓理論來解釋的話，就是因其他行星的重力影響導致。（見七十九頁，圖九）

除了水星這顆離太陽最近的行星，天文觀測結果與牛頓理論的預測非常符合。僅憑理論計算就發現海王星而成名的天文學家奧本・勒維耶，從一八四〇年

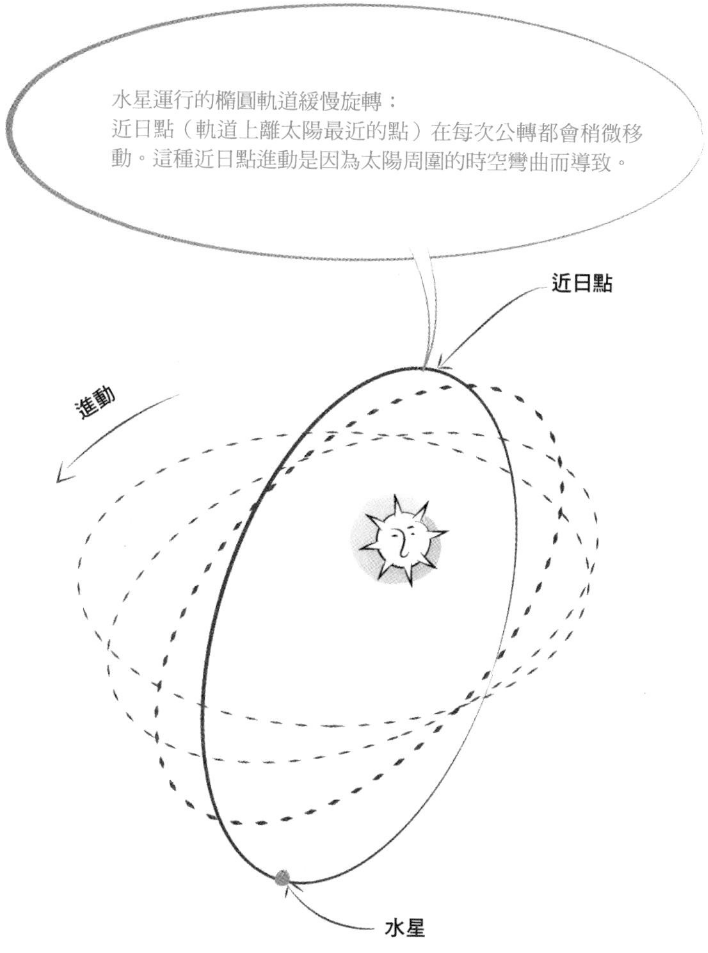
水星運行的橢圓軌道緩慢旋轉：
近日點（軌道上離太陽最近的點）在每次公轉都會稍微移動。這種近日點進動是因為太陽周圍的時空彎曲而導致。
近日點
進動
水星

圖九 近日點進動

代起就指出他觀察到水星的進動「太大」：進動率為每世紀五百七十四角秒（即每百年零點一六度，一角秒等於一除以三千六百度），與牛頓理論的預測相比，每世紀多了四十三角秒。

為何有這種不算大卻明顯的差異？當水星很靠近太陽（水星近日點離太陽僅四千六百萬公里，地球近日點離太陽足足有一點四七億公里），重力對其造成的影響會特別明顯。以愛因斯坦的理論來看，根據廣義相對論，水星此時剛好通過一段被太陽質量嚴重扭曲的時空區域；這種時空彎曲造成了比牛頓預測的結果還明顯的近日點進動。令愛因斯坦高興的是，他在一九一五年的預測完全符合觀測結果！第一次驗證就這樣帥氣通過了……

## 2.強迫轉彎？光線的偏折

之前提到，廣義相對論的彎曲時空不再有直線的概念。其他的線（測地線）取代了直線扮演的角色，宇宙萬物必得「自然地」沿著測地線移動。例如太陽系內的所有天體（行星、彗星、小行星等）都沿著測地線，也就是「時間類」的世界線，繞著太陽移動。這種情況下無法描述真正的直線長什麼樣子，因為那根本不存在！光線亦是沿著大質量物體產生的時空彎曲所形成的特定測地線傳播。在狹義相對論的零曲率時空，光傳播的路線還是「光類」直線；到了廣義相對論，同樣的路線變成「光類測地線」。不論是廣義還是狹義，這種曲線在相對論時空幾何中的長度為零。換句話說，行進中的光不會「感受」到任何（固有與否）的期限。

遠處某顆恆星發出的光在到達地球前，有可能會經過某個質量很大的天體。而這個天體附近的時空彎曲又會使光轉向，因此地球上的觀察者以為光線不是從那顆恆星的位置發出的。換句話說，恆星在天空中的位置有明顯位移（見下頁，圖十）。一九一一年愛因斯坦就想到，光線因太陽質量影響的偏折應該可被觀測到。更詳細地說，天上的星光在到達地球前若近距離經過太陽，該恆星的視位（地表觀察者認定該星在天空中的位置）跟其他星星比起來改變一定更明顯。愛因斯坦甚至在他的理論還沒完備時就已算出預期的偏差值……

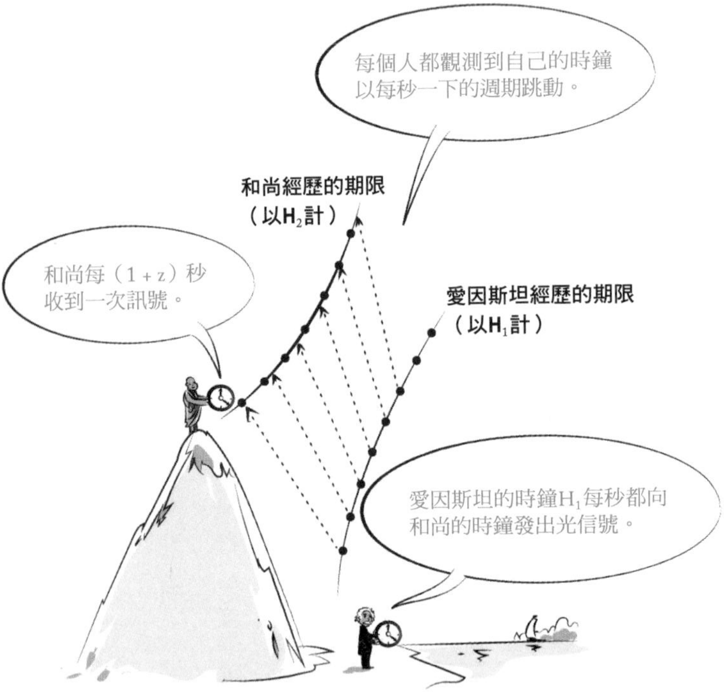
每個人都觀測到自己的時鐘
以每秒一下的週期跳動。
和尚經歷的期限
（以$H_2$計）
和尚每（1 + z）秒
收到一次訊號。
愛因斯坦經歷的期限
（以$H_1$計）
愛因斯坦的時鐘$H_1$每秒都向
和尚的時鐘發出光信號。

圖十 時間偏移

「對於由數學建構出的物理來說，符合實驗結果當然是唯一標準。但真正的創造性原則還是數學。」——愛因斯坦

但要如何觀察呢？大家都知道白天根本看不到星星……更何況是太陽附近光線最強的地方！唯一的機會就是日全蝕：當月亮完全遮住太陽，天空就會整個變暗，這時就能看到星星了（不過只有幾分鐘）。

德國的天文學家在一九一四年八月二十一日的日全蝕期間，曾企圖在俄羅斯觀察這種光線偏折現象；不幸的是，還沒開始工作就被沙皇尼古拉二世的軍隊逮個正著。戰爭結束後，首批了解愛因斯坦理論的人之一，英國物理學家亞瑟・愛丁頓爵士（Sir Arthur Eddington, 1882-1944）終於在一九一九年五月二十九日的日全蝕觀測中得到正面結果。必須強調的是，他花了不少資源組織兩支觀測隊伍分別同時進行：一支在非洲的普林西比島，另一支在巴西的索布拉爾。觀測到的偏移值為一點七四角秒，這個角度相當於一公里外一公分的物體所佔的視角。毫無疑問這個結果驗證了廣義相對論。幾十年下來，光線偏折依舊是該理論最有力的證據，這個微小的偏折可謂是

小兵立大功呀！

## 3.咦……去哪了？原子光譜的偏移

人一生經歷的每段過程、現象和歷史，都可在自身的固有期限內標記始末。我們可以從局外角度觀察這整個過程；如前文所說，觀察者可以從頭到尾測量固有期限，並非針對該現象本身，而是針對自己對該現象的觀測。

日常生活中，對某現象觀察的期限幾乎跟現象本身的期限毫無差別；基本上我們也不會區分這兩者的差異，所以我們能定義並使用單一的時間概念，讓所有人都能用，即「世界時間」。若情況並非如此（若相對論效應時常出現在我們日常生活中），那不管是約會還是趕火車都很麻煩！

但在現實中，像高速移動的宇宙飛行器、宇宙射線或加速器中的粒子，相對論效應的幅度會跟日常生活差很多；若觀察者高速移動（相對於自身觀察的系統），差別就更大了。針對某現象的觀測期限，與該現象本身期限的比值（減一），稱為偏移（通常被稱作光譜偏移，等一下再說原因）。

這適用於沒考慮重力的狹義相對論，在廣義相對論中仍然有效。然而在有重力的情況下，情況可能更複雜。當事件發生地跟觀察者所在地有不同的重力環境時，也會導致持續期限與觀測期限的差異。所以當兩個觀察者處於不同強度的重力場時（一個在海邊，另一個在山頂），即使他們根本沒動，這兩邊的時鐘（假設都很精確）都無法對時！

不管是地球或整個太陽系，由於太陽等恆星本身的密度不高，造成的重力並不強。以我們觀測的精確度而言，重力造成的偏移幾乎小到可以忽略。所以觀察者通常還是能互相比較時鐘的快慢，並認同每台都能「精準計時」。

讓我們用下面這個例子描述真實情況。兩個在不同海拔高度的相同時鐘（見圖十），分別以$H_1$（低處）和$H_2$（高處）表示，時鐘每秒振動一下。站在$H_2$旁的觀察者測量$H_2$的振動間隔，並把這間隔當一秒。該觀察者也可同時測量$H_1$的振動間隔，不過$H_1$得在每次振動時向他發信號後（例如光線），他才能測量信號間隔。不過他會發現$H_1$的信號間隔不像$H_2$剛好一秒，而會是（1+z）秒。這兩者的差距z即是所謂的愛因斯坦效應（effet Einstein）。儘管再三強調，每台時鐘在各自的固有時間都是每秒振動一下，但這個測量結果跟此書或他處讀到的內容相左：我們先前才強調期限並不存在「延長」或「縮短」的概念。

現實中可用某些原子振盪當作「超精密天然時鐘」來觀測這種效應。事實上，每種原子（氫、氦等）在特定的物理條件下，會重複吸收並放射某些特定週期（或頻率）的光子，週期即為光子本身的波長。所有可能的光子波長集合起來就構成該原子的光譜，可用來識別原子種類，就像一張「原子身分證」。但無論是振盪還是輻射的週期，都只是兩個極大值之間的固有期限。所有關於固有期限的效應，週期也會發生，特別是輻射的週期。

某個「在原子身邊的」觀察者，以自己與原子的固有時間，測量其中一條譜線的週期。他會得到一個跟所有原子物理書籍寫的一模一樣的「標準」值。但如果他的同事從很遠的地方觀察同一顆原子（比如在同一重力場的另一個海拔高度），他接收到的信號週期會跟輻射發生處的週期不同（會是發出週期的1+z倍）。兩者的差異z被稱作「光譜偏移」（décalage des raies spectrales）。

直到一九五九年至一九六四年，愛因斯坦去世後，人們才成功測量到這種微妙的偏移效應。最早的實驗是在一九五九年由美國物理學家羅伯特・龐德（Robert Pound，核磁共振的發現者之一）和他的學生格倫・雷布卡（Glen Rebka）進行，他們利用哈佛大學塔（高度僅二十二點五公尺）底部和頂部兩點的重力差異。在塔頂和塔底放一些鐵原子，以極精確的週期發出高能量的輻射，然後在底部設置一台精確校準的探測器接收。這些物理學家以一種非常精巧的實驗裝置，測量地球重力場引起的微小光譜偏移。實驗結果發現，與廣義相對論的預測相比，差異只有百分之一。對這種以有限高度進行的迷你實驗來說，能得到這個結果已經很神奇了……

從地球觀察太陽表面的原子發出的輻射時，也可發現這種效應。根據廣義相對論，測量出的週期會比原週期來得大（由原子本身的特性決定，也就是原子「所在處」的固有時間量出的週期），不過兩者之間的差異還是非常小，只有百萬分之一。這種效應甚至可經由觀察其他恆星表面的原子來驗證，結果仍符合愛因斯坦的理論，精確度達到了萬分之一（百分之零點零一）！

# 近期有趣的科學實驗

## 1.來看看等效原理的實驗

自伽利略以來，等效原理就有好幾種版本。愛因斯坦從中受到啟發，才有了將重力與時空彎曲劃上等號的想法。「弱等效原理」（伽利略從萬物自由落體現象中觀察到的一致性），可比較兩種不同成分的物體在同一處落地的加速度來驗證。這個實驗還可測量牛頓理論公式中出現的重力常數（以G表示）。

一八八五年至一八九〇年間，匈牙利物理學家羅蘭・厄特沃什（Loránd Eötvös）以專門設計的精巧扭秤，對等效原理進行了首次稱得上精密的驗證。厄特沃什發現，兩個不同物體的加速度差異不會超過百萬分之一（考慮到測量的精確度）。二十世紀初，實驗又被進一步改良，物理學家在一九一〇年左右證實，加速度的差異不會超過一億分之一（$1/10^8$）。到了八〇年代，有些理論認為可能存在能影響結果的「第五作用力」（除電磁力、強作用力、弱作用力和重力以外），但似乎沒觀察到任何跡象。此外，今日我們能從地球發射光束到月球，並測量光束從月球表面多個地點的小型反射器（由阿波羅計劃的太空人所布置）返回的時間，以測量地球和月球的距離，誤差僅兩公分。經由詳細追蹤這個距離的變化（地球重力場對月球造成的加速度也會改變），這次的精確度達到了一兆分之一（$1/10^{12}$）！

但科學家希望能做得更好，幸好現在地球外有不少人造衛星可用。由法國國家太空研究中心（CNES）開發，並於二〇一六年四月二十五日發射升空的微型衛星計劃（MICROSCOPE，具阻力回饋功能，用來觀察等效原理的迷你衛星），能以極高的精確度（比地面上做過的實驗更精密一百倍）驗證該原理。這個計劃為期兩年，會不停分析衛星上裝載的兩個不同材質物體的運動。至於義大利太空總署的伽利略．伽利萊（Galileo Galilei）計劃，是用和MICROSCOPE相同的原理，到達十萬兆分之一（$1/10^{17}$）這個驚人的精確度！不過這個終極實驗還沒決定何時升空。

## 2.日常生活的驗證：GPS（全球定位系統）

GPS的愛用者已遍布整個地球。無論是找最好的行車路線、在城市中徒步找路、探索無人居住的區域或遠洋航行，GPS都是很好的工具，誤差只有幾公尺，沒有它的話麻煩就大了。GPS仰賴一組軌道高度約兩萬公里的人造衛星（運行中的約有三十顆），上面都配備原子鐘以發射高精確度的無線電信號。使用者以GPS設備接收來自至少四顆衛星的訊號並計算傳播所需時間，以此分別推算與對應衛星的距離；再根據這些衛星的詳細位置推算出自己的位置，這就是GPS的原理！

原理似乎很簡單，除了……愛因斯坦的相對論效應會導致衛星的固有時間與地面上的GPS設備不同步，不過可以根據衛星的移動速度（狹義相對論效應）和地球上的重力（廣義相對論效應）來修正誤差。雖說這個誤差僅有十億分之一，但對GPS的運作產生很重大的影響：如不修正這個誤差，系統會在幾分鐘內失去所有精確度（差一微秒就等於差上三百公尺）。既然我們能不知不覺中用了這麼久的GPS（用它找到正確的路），就表示相對論一直都很管用！

## 3.下一波新理論的驗證？

廣義相對論並沒有結束理論學家對時空和重力的研究。愛因斯坦的成果發表後，某些人提出了可能超越相對論的新觀點；有些理論含有額外維度或以新的幾何形狀呈現，名稱也頗具特色，像是弦論、膜論、量子重力論等。它們仍處於發展階段，但有些預測與廣義相對論相左，未來幾年內有可能進行驗證。

目前愛因斯坦的理論似乎無懈可擊。三項經典驗證已順利通過，完美詮釋太陽系中的重力，目前還沒有任何先進的實驗與其結果相左。然而，在「太陽系邊緣」重力相對較弱的地方，很難找到廣義相對論與其他理論在預測上的分歧。若要分個高下，得在其他條件下驗證各自的預測，例如在脈衝雙星的強大重力場中（第七章），或重力波的傳播方面（第八章）。不過實驗結果還是站在相對論那邊，但理論學家總有辦法自圓其說！畢竟故事還沒完呢……

# 第四章

# 這才叫真正的宇宙科學！

人類對宇宙的論述最初如神話般，自牛頓時代起宇宙論才真正跟物理學扯上關係。但最終使宇宙學成為一門獨立科學的，還是愛因斯坦的相對論。

今日我們說的宇宙學，定義上泛指整個宇宙的研究，而不是只針對小部分（如行星、恆星、星系等）。由於人類自古以來都對天體現象及成因有很大疑問，所以宇宙學的歷史的確「與世界一樣悠久」。但宇宙學從遙遠的誕生到今日，論述的內容已有徹底的變化！原本看似神祕的天體現象，經歷了兩次重大轉變後，終於逐漸理出頭緒並以數學形式呈現；這兩次關鍵分別是十七世紀末的牛頓物理學，和二十世紀初的廣義相對論。

## 很久以前……古人對宇宙的看法

幾乎所有的文明都創造出關於宇宙起源的偉大神話，藉由口耳相傳，這種代代相承的宇宙觀（希臘文為cosmogonies，cosmo意為世界，gon則是誕生），常會將宇宙的起源與一些超自然或神聖力量攙雜混合。古希臘人率先觀察出一些宇宙規律，算是最早的「現代意義上的宇宙學」。公元前幾世紀，某些思想家觀察到一些規律的天體現象後，嘗試將他們對世界的理解建立在和諧與有組織的概念上。畢達哥拉斯（Pythagore, Ca. 580-495 B.C.）與他的學生主張，宇宙所有現象的節奏與比例的規律，都可用數學解釋。某種意義上來說，畢達哥拉斯對宇宙的觀點已經數學化了……

約莫一個世紀後，偉大的哲學家柏拉圖（Platon, Ca. 428-348 B.C.）用「cosmos」稱呼世界，這個詞帶有和諧、秩序、甚至是美學的意思，也是化妝品（cosmétique）的字根！他想以此強調，世界是被一個真實和諧的秩序所支配。他進一步指出，宇宙不僅井然有序，也可用幾何學剖析或解釋其規律。柏拉圖假設的和諧「世界系統」幾何架構是現今學問的雛形，科學也是從數學和幾何角度發展而來。不過目前最好的理論還是廣義相對論：在柏拉圖死後約二十五世紀，愛因斯坦的理論完美整合這個假設，並衍生出現在的相對論宇宙學！柏拉圖可說是遠遠超越了他的時代。

> 「沒有認識論的科學，就所有能想到的來說，會既原始又混亂。」——愛因斯坦

柏拉圖主張的「地心宇宙」，是以地球為中心的絕對對

稱球體，不但層次分明，並以完美和諧的方式運作。所有肉眼可見的天體（行星和恆星等）都被鑲在一層層的「天球殼」上，隨著這些天球殼轉動而運行。

師從柏拉圖二十多年的亞里斯多德（Aristote, Ca. 384-322 B.C.），沿用了這個地心宇宙的假設。他把宇宙分成「地球區域」和「天體區域」。前者指的是地球到月球軌道這塊，這裡的一切皆由四大「基本元素」：土、水、空氣與火組成，並隨時間變化或毀壞（根據當時的語言就是「腐敗」），任何生物或物體都會經歷誕生、成長、衰落與死亡。至於月球軌道以外的部分就是天體區域，包含了天空和星星，一切都永恆不變。這塊區域充滿一種與地球上四大基本元素完全不同的物質，這種晶瑩剔透的「第五元素」構成了天球（恆星被鑲嵌在上面）。所有恆星都沿著天球球面運行。這個封閉世界的盡頭就是最外層的天球，上面鑲有「固定的星辰」（所有可見的星星）。天體運動則由某種神祕的「原動機」驅動。總之就是個設計絕妙的宇宙。

柏拉圖和亞里斯多德的觀念被長期奉為圭臬，一直沿用到十七世紀！幾位天文學家和數學家，像歐多克索斯（Eudoxe de Cnide, Ca. 400-355 B.C.）、卡里普斯

（Callippe de Cyzique, Ca. 370-300 B.C.）或托勒密（Ptolémée, Ca. 90-168 B.C.）都先後嘗試完善這個圖像，但仍保留關於圓圈和天球等核心概念。從古希臘時期開始，到中世紀和文藝復興時期，這個概念被多次重新闡釋卻依然保留下來，這種長時間的傳承的確很了不起！

然而，這些觀念卻受到許多著名學者日益嚴重地公開批評，其中有阿拉伯的天文學家和數學家，也有基督教會的思想家。尼古拉．哥白尼（Nicolas Copernic, 1473-1543）、焦爾達諾．布魯諾（Giordano Bruno, 1548-1600）、第谷．布拉赫（Tycho Brahe, 1546-1601）、約翰尼斯．克卜勒（Johannes Kepler, 1571-1630）、伽利略．伽利萊（一五六四－一六四二）與勒內．笛卡兒（René Descartes, 1596-1650）等（僅列出最著名的），都為這場爭論做出重要的貢獻。十七世紀，牛頓在一六八七年出版的著作《自然哲學的數學原理》（簡稱《原理》）中，以一個全新的概念徹底終結了地心宇宙觀。接著愛因斯坦又繼續這位先驅的工作……

## 牛頓內心燃燒的小宇宙！

牛頓在《原理》中建立了剛性物體的運動法則（動力學），並提出萬有引力（重力）定律。萬有引力不只造成克卜勒觀測到的（太陽系內）行星橢圓軌道，說得更直白點，所有天體運動都由萬有引力驅動。牛頓最主要的創新，是用一種無限大、永恆的幾何空間作為物理的整體框架，所有宇宙現象都在此空間發生。這種最「單純」且堅硬、沒有任何彎曲（數學家以「平坦」來形容）或一成不變的空間（不管裡頭發生什麼事都不會改變空間的性質），就是歐幾里得空間。從此以後物理學家總算有個夠精確的框架來描述一切。在當時，即便天文學家還找不到方法測量，但已經發現所有恆星（太陽除外）都是無法想像地遙遠。舊有的「封閉世界」（柏拉圖和亞里斯多德的宇宙觀），就被這個可能無限大的新宇宙框架輾過取代了（見參考資料《宇宙的無限、神祕和極限》）……

到十九世紀末止，牛頓物理學已被成功驗證過很多次；不但能預測行星和彗星的軌道，還讓奧本・勒維耶發現海王星……牛頓憑藉自己的理論，成為現代科學的真正奠基人！此時，由於物理學廣為人知，宇宙學也因此成為一門科學領域。但一直到二十世紀宇宙學的發展都極為有限。因為在這期間還無法精確觀測到宇宙遙遠的天體，也缺少一個良好的「概念框架」（可連接所有概念的共識藍圖）。這個「概念框架」當然非愛因斯坦的理論莫屬！

## 愛因斯坦一手掀起的劇變

一九一五年，廣義相對論徹底顛覆了萬有引力的形象，再也不將它視為一種吸引力。正如前文提到，牛頓用的歐幾里得空間已無法精準描述；雖然物理框架會被重力彎曲的「時空」所取代，但這種空間會以奇怪的方式跟時間「融合」……這種概念革命同時也攪亂了宇宙學，因為在宇宙尺度上，重力的影響佔主導地位，其他像電磁力、原子核內的強弱作用力等都可以忽略。所以我們永遠不會想去測量星系間的電磁作用！

愛因斯坦在一九一七年提出了第一個「相對論宇宙學模型」；這個將宇宙視

為一體，並使用全幾何特性的時空框架，其實出自他的理論方程式中的一個解法。為了建立這個模型，愛因斯坦提出了三個他認為合理的必要條件：

・第一條件：物質在宇宙中均勻分布。幾乎所有的宇宙學模型都沿用這個條件，這個原則被稱作「宇宙學原理」（principe cosmologique）。當然不能把宇宙想像成完全均勻：這種均勻是用比星系大很多的天文尺度來看！乍看之下，宇宙學者對宇宙的「局部」特性，像是行星、恆星、星系等會產生時空彎曲的巨大物體並不感興趣。他們忽略了這些局部變形，有點像地理學家把山脈、山谷和海底等地形都忘掉，單純把地球當「球體」看。相對論宇宙學想探討的是宇宙的整體曲率：照理說這不是零，也不是常數。

・第二條件：宇宙是完全封閉的。意思是空間的擴展和體積有限；這個條件是來自「馬赫原理」。

・愛因斯坦在自己模型上強加的第三條件：宇宙是靜止的，它不收縮也不膨脹，即維持不變。愛因斯坦在一九一七年沒想到宇宙可能還在膨脹，因為觀測中沒有發現任何跡象……

不過這裡有個尷尬的錯誤：廣義相對論的方程式似乎與靜態宇宙的觀點不太一致！因此愛因斯坦決定稍稍修改他的理論，多加了一項被稱為「宇宙學常數」（constante cosmologique）的參數（以Λ表示）。這個修改的理論允許宇宙「保持不變」。這個在方程式中出現得恰到好處的新常數，不僅讓愛因斯坦能如願完成他的相對論宇宙學模型，也在現今宇宙學中發揮重要作用（見「知識星球　愛因斯坦與馬赫原理」）。現在它被稱為「愛因斯坦模型」。

觀測到宇宙膨脹後，這個模型就被拋棄了，但此時宇宙的概念已有所轉變。雖然之前的概念還很模糊，如今總算被當成一個獨立實體看待！其實，愛因斯坦的理論將宇宙視為一種在時空中充滿物質與輻射，並有明確幾何形式的「柔性」框架。這種形式自此成為宇宙學的主題，可用數學化的整體曲率（以方程式表示）或拓撲學（指出時空上的點是以某種簡單或複雜的方式相連）表示。

愛因斯坦模型發表後幾年，人們終於得以有效測量「宇宙膨脹率」；這是時空的整體幾何（或時空幾何）的基本特徵值，也被稱為「哈伯常數」（constante de Hubble）（見「變胖了?·宇宙偷偷膨脹中」）。能定量測量宇宙的某些整體性，先是哈伯常數，再來是其他常數，最終才能使宇宙學成為「嚴格測量的科學」。

愛因斯坦模型發表後十年，比利時物理學家兼神父的勒梅特發現了廣義相對論方程式的另一個解法，這個解法能解釋為何宇宙正在膨脹；他的這項工作奠定了今日所有宇宙學的發展基礎。但在此之前，兩個天文觀測上的測量結果，不但跟相對論聯手攪亂了宇宙的概念，也開啟了新宇宙模型的發展；這兩個測量就是星系間距離與宇宙的膨脹……

**這種星系距離……真是難以置信！**

若無法確定宇宙中天體的位置與分布，就無法發展天文物理，當然也不會有宇宙學。

十八世紀，工業技術總算進步到可以建造口徑大又看得夠遠的望遠鏡。天文學家夏爾．梅西爾（Charles Messier, 1730-1817）和威廉．赫雪爾（William

Herschel, 1738-1822）發現並分類記錄了數百個「星雲」。這種奇怪的雲狀天體既不像行星也不像恆星。威廉・赫雪爾的兒子約翰・赫雪爾（John Herschel, 1792-1871）於一八六四年出版一本收錄了五千種天體的《星雲與星團總覽》（General Catalogue of Nebulae and Clusters），其中有些具神祕螺旋結構的天體，似乎是跟我們銀河系相似的遙遠星團？天文學家湯瑪斯・萊特（Thomas Wright, 1711-1786）和哲學家伊曼努爾・康德（Emmanuel Kant, 1724-1804）曾經想像過這樣的天體，康德甚至很浪漫地將它稱之為「宇宙孤島」……美國天文學家希伯・柯蒂斯（Heber Curtis, 1872-1942）在一九一四年沿用此觀點並明確表示：螺旋狀星雲很可能是某種距離無法想像的星系，遠到我們只能看到幾個小亮點！同樣在一九一〇年代，天文學家也對我們的銀河系充滿疑問。結構如何？多大？在宇宙哪裡？太陽在銀河系的哪裡？這些問題引發了很多討論，但研究人員卻無法達成共識……

這個爭議在經歷種種波折後，終於在一九二〇年代被美國人愛德溫・哈伯（Edwin Hubble, 1889-1953）解決。他在舊金山的威爾遜山天文台工作，那時剛引進一台直徑二點五公尺的大型天文望遠鏡。在這套強大設備的幫助下，哈伯發現螺旋狀星雲的確由一群恆星組成！經過無數夜晚的觀察，他在某些星雲中發現一種叫作「造父變星」（céphéides）的特殊恆星。這些造父變星對觀察者來說有一種很方便的特性：其光度會週期性變化，而週期又與其最大光度直接相關。測量「造父變星」的「變化週期」（光度從開始減弱到重回最大值的所需時間）可推算出其「絕對星等」，也就是該恆星發射的所有波長的電磁輻射強度（全波段星等[2]）。另一方面，我們也可從地球上觀察到同一顆恆星的「視星等」，這不僅取決於其「絕對星等」，也與該恆星的距離有關[3]。透過觀察造父變星的視星等與週期（以估算絕對星等），可以推算出該星與其所在的星雲離地球有多遠！

利用這種巧妙、間接但極有效的方法，哈伯得以在一九二四年測量出仙女座星雲（Andromède）與地球的距離；這個被夏爾・梅西爾編號為M31的螺旋狀星雲，在夜空中最為明亮，良好天氣下可以肉眼觀測。他量到的距離居然是一百萬光年（現在重新估計的結果大約兩百五十萬光年）這種難以置信的數字，遠遠超出我們所在的銀河系。「宇宙孤島」的假設就這樣被漂亮地證實了：螺旋狀星雲的確是其他星系，是遙遠的大型恆星系統。宇宙突然變得跟想像中差很多：不但體積更大，裡頭更有許多像我們銀河系一樣的「氣體分子」，分子之間被「宇宙級」深淵隔開！哈伯並未就此打住，他將在宇宙膨脹的發現中扮演關鍵角色……

## 變胖了？宇宙偷偷膨脹中

美國天文學家維斯托．斯里弗（Vesto Slipher, 1875-1969）是第一個觀察到螺旋狀星雲快速移動的現象的人，比哈伯的星系測量結果還早。二十世紀初，斯里弗在羅威爾天文台（位於亞利桑那州）工作。他借用最先進的光譜學技術（spectroscopie）來測量星雲的旋轉速度：這種技術是將從某星球發射出的輻射光譜視覺化，也就是說將發出的輻射按照波長分開，就像玻璃稜鏡能將白色的日光分成七彩光譜那樣。每種顏色對應特定的波長範圍；藍色和紅色分別對應於最小和最大的波長。彩虹就是由無數雨滴折射所產生，每滴雨都扮演著稜鏡的角色。

我們習慣用波長這個名詞。但得記住，光是一種可傳播的波。所以也可用輻射週期這個術語來代表波長與某常數的乘積。

之前有提到，當光源相對於觀察者移動時，觀察到的週期（或波長）會與光源的週期不同。這種極小的差距會顯示在光譜偏移測量上，以 z 表示。z 為正值表示觀察到的週期（或波長）比發射的大，就稱為「紅移」，因為紅色對應較大的波長。相反地，若 z 為負值則是「藍移」，藍色對應於短波長。即使輻射波長不屬於可見光的區域（例如無線電波或紫外線），傳統上依然沿用此術語。

我們可從光譜偏移測量來觀察出光源相對於觀察者的速度（至少可以量徑向分量部分，也就是沿著觀察者的方向）；正值表示光源正在遠離，負值則是光源靠近。此現象被稱為都卜勒－菲佐效應（l'effet Doppler-Fizeau，見圖十一）。這跟我們日常生活中遇到的聲波都卜勒效應其實一樣。當救護車靠近我們時，鳴笛的聲音會變得更尖銳（因為接收到的聲波波長比鳴笛發出的低），但救護車遠離時聲音會轉為低沉。

讓我們繼續看斯里弗的部分。他嘗試用都卜勒－菲佐效應來測量螺旋狀星雲的旋轉速度；他將星雲分成不同區域觀察，因為它們可能會因為整個星雲旋轉

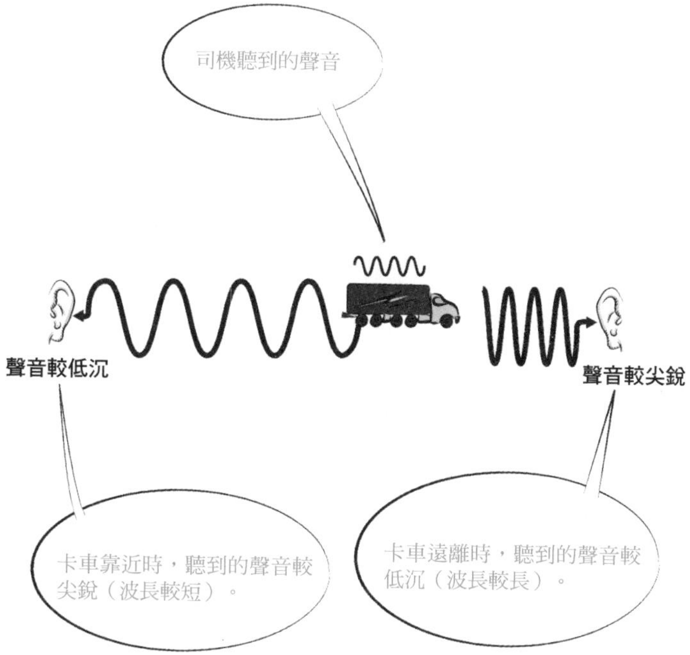


圖 十一　光譜偏移（都卜勒－菲佐效應）

而有不同的相對速度。他的測量顯示出一個絕對意想不到的結果：幾乎整個星雲的光譜都有紅移！這表示它正以每秒幾百公里的高速遠離我們！這個結果在一九一四年正式發表於天文學界，讓不少人眼鏡碎了一地後再豎起大拇指（但愛因斯坦過了很久之後才會知道）。

斯里弗從他的觀測中得出兩個顛覆性的結果。首先，移動速度這麼快的星雲肯定不屬於我們銀河系，也就是說它是另一個螺旋狀星系，哈伯晚了十年才能進一步證實這個事實。再來，這種相當高速的遠離，也許是一種普遍的宇宙現象導致；他開始考慮一種整體運動的可能性，並將之形容為「膨脹」，即使還找不到理論框架來解釋。

這個讓人跌破眼鏡的結果發表後的幾年，天文學家多次測量光譜偏移，發現紅移愈來愈明顯。看來的確有個大規模宇宙現象正在進行。英國物理學家亞瑟·愛丁頓在一九二二年稱之為「宇宙學最神祕的問題之一」。一九二九年，哈伯又來個驚天一擊。根據他對星系距離與速度的測量結果，他發表了一項經驗法則（但早在前兩年勒梅特就已經發現了！）：星系遠離的速度與它的距離成正比

（$V=H_0D$），其比率為一常數$H_0$，也就是我們今日說的哈伯常數。

究竟這種普遍的星系遠離現象是怎麼一回事？一九二〇年代末較知名的兩個宇宙模型分別是由愛因斯坦與威廉・德西特（Willem de Sitter, 1872-1934）所提出。然而這兩者都無法解釋紅移現象：愛因斯坦的宇宙模型是靜態的，德西特僅適用於不含物質的宇宙，完全脫離現實！每個人都了解廣義相對論提供了一個相當合用的理論框架，但無人可從方程式中找到可解釋斯里弗的觀測與哈伯－勒梅特定律的解答。這個大規模的宇宙現象最終浮出檯面，但原因依舊神祕……

---

2「全波段星等」Mbol，考慮到所有波長的電磁輻射，它包括那些因為儀器的通帶、地球的大氣吸收和星際塵埃吸收的波段。它是根據恆星的光度來定義的，在能觀測的情況很少下的恆星，它必須以假設的有效溫度來計算。Ref:https://zh.wikipedia.org/wiki/%E7%B5%95%E5%B0%8D%E6%98%9F%E7%AD%89

3在天文學上，「絕對星等」代表天體的固有光度，與「視星等」不同的是，後者的大小取決於與恆星的距離以及視線中的消光。絕對星等（Absolute magnitude, M）是指把天體放在指定的距離時（十秒差距）天體所呈現出的「視星等」（Apparent magnitude, m）。此方法可把天體的光度在不受距離的影響下，做出客觀的比較。Ref:https://en.wikipedia.org/wiki/Absolute_magnitude

知識星球

## 愛因斯坦與馬赫原理

在所有批評牛頓絕對時空的概念中，奧地利物理學家兼哲學家恩斯特・馬赫（Ernst Mach, 1838-1916）的批評特別中肯，這也許是因為他的雙重職業。對馬赫來說，絕對空間的概念毫無意義，所以也沒有絕對的加速度（或旋轉）。

想像一位在太空中飄浮的太空人，他想知道自己是否在旋轉。馬赫認為，人會覺得自己可能在旋轉，是因為與宇宙其他物體（恆星、星系等）「相較之下」才有的結論。若該太空人處於完全無物質或能量的宇宙中，這個問題就毫無意義了。

然而，如果身體真的在旋轉，太空人應該會感受到將他手臂向外拉的「離心力」。根據牛頓的觀點，這種離心力是一種「慣性力」，由相對於絕對空間的運動所引起。但絕對空間的概念在馬赫的觀點中並不存在，他將這種力量歸因於宇宙所有質量累積的影響！

愛因斯坦沿用了馬赫的大部分見解，將之命名為「馬赫原理」。他認為這個見解在廣義相對論和相對論宇宙學的論述中具有決定性作用；按照他的說法，空間（應該說是時空）不可能是絕對的，也不可能跟內含物質或能量完全無關。他這麼說：「如果所有東西都從世上消失：對牛頓來說，伽利略的慣性空間依然存在；但對我來說，一切皆空。」雖然他這麼說，但他的理論似乎沒有完全符合馬赫原理，因為廣義相對論的方程式允許真空宇宙以一種單純的時空幾何形式存在！除此之外，這個理論在許多方面與馬赫的見解一致：時空具有「相對」的特性，因為它跟宇宙內含的質量與能量有關。

愛因斯坦會有封閉（有限）宇宙的假設正是因為馬赫原理。若慣性是來自宇宙包含的所有質量，那這種「有限」的影響怎麼可能來自「無窮範圍」的質量？封閉（有限）的宇宙不會出現這種矛盾。

要注意的是，封閉的宇宙並不代表它有邊緣或邊界。一心想穿越宇宙（如愛因斯坦模型所描述）而「勇往直前」的太空旅行者，會發現他完全到不了邊界。相反地，他會在完成宇宙之旅後回到起點（這當然是完全虛構的旅行，因為絕對會花上數十億年）。就像在地球上的旅行者（如果他可以持續前進而不用擔心障礙物），在繞了地球一圈後會發現自己又回到原點。地球表面面積雖有限但是沒任何邊界！

# 第五章
# 話說從前——宇宙的悠久歷史

當所有天文學家都對宇宙的膨脹達成共識時，有位比利時物理學家根據愛因斯坦的相對論方程式，提出一個關鍵的假設，那就是宇宙一直都沒停止演化。這個想法最後演變成大爆炸理論和當代所有的宇宙論。

## 喬治・勒梅特華麗登場！

宇宙學在斯里弗的觀測和哈伯－勒梅特定律的發現後，處於相當尷尬的境地。科學家承認宇宙正在膨脹，卻無法理解這種整體現象。

幸好這種尷尬並沒持續太久，因為此時有位狠角色登上歷史舞台，他就是比利時物理學家喬治・勒梅特（Georges Lemaître, 1894-1966）。在仔細翻閱劍橋學術研討會紀錄後，他寫信給以前的教授亞瑟・愛丁頓，信上說他在三年前就已掌握這個棘手問題的解決方法！早在一九二七年他就發表了關於廣義相對論方程式的一組解法（不過是在一家知名度很低的期刊上），而這組解法可以解釋宇宙的膨脹。在他的論文《質量不變但持續擴張的均勻宇宙》（*Un univers homogène de masse constante et de rayon croissant*）中，他給出的解法不但與斯里弗觀察到的光譜偏移完全符合，甚至還可推導出哈伯兩年後才發表的定律！

另一位物理學家，蘇聯的亞歷山大・弗里德曼（Alexander Friedmann, 1888-1925）也在一九二二到一九二四年發現這組廣義相對論方程式的解法，但他只單純考慮數學方面，並未應用在真實宇宙上。愛因斯坦（靜態宇宙）和德西特（無物質宇宙）所描述的非現實宇宙，是這組解法的某些特例（現稱為「弗里德曼－勒梅特度規[4]」）。但這組能解釋宇宙膨脹現象的新解法，似乎與觀測結果完全吻合。

了解勒梅特工作的重要性後，愛丁頓在一九三一年將他的論文翻成英文，並確保大量出版。不過歷史是很殘酷的：勒梅特的論文中關於星系速度與距離（成正比）的部分剛好沒譯到……這就是為什麼勒梅特無法像哈伯一樣出名！

科學界對這個與觀測結果完全相符的理論欽佩不已，愛因斯坦最後也為之折服。他後來與勒梅特討論數次，特別是關於「宇宙學常數」的部分（見「宇宙學常數——究竟存不存在？」）。但他不再參與宇宙學的爭論，而是將目標轉向發展中的量子力學。跟當時多數物理學家一樣，他對內涵與可能的闡釋提出質疑。愛因斯坦積極參與一些爭議頗高的話題，這些爭論到今日仍持續著。

## 宇宙超級無敵霹靂的膨脹？

勒梅特的功勞在於成功將理論（廣義相對論）與觀測結果有條理地結合，進而建立了現代宇宙學。但該如何理解宇宙「膨脹」的概念呢？廣義相對論賦予這個詞彙一個特殊的意義：就是空間的擴展，但並非在更大的框架內佔據愈來愈多空間的「有上限擴展」！這種空間「外面」毫無任何框架，空間體積的增加並不會排擠其他物質的存在。單靠直覺與想像力很難理解這一方面……幸運的是可用非歐幾里得幾何的數學框架來精準描述，將這當成某種時空彎曲就行了。

讓我們解釋一下這些用詞。我們通常用「放大」這種描述「隨著時間伸展的空間」的詞彙來形容宇宙的膨脹。不過在廣義相對論中，時間和空間的概念並無明確定義（其實根本就沒定義）！所以這些詞彙不能照字面上解讀，只能直接描述一種定義完善的過程（見「切開！宇宙的剖面」）。膨脹的過程中，星系「鑲嵌」在空間中，對空間本身來說是靜止的，但星系間的相對距離會持續增加。我們將這種星系間的相對位移稱為「同移」，如烘烤中的蛋糕裡的葡萄乾，或是充氣中的氣球表面畫的叉叉[5]。然而這種類比還是會讓人誤解，記住，這種膨脹並不會佔據此空間之外的「外部空間」……

事實上，星系們並非被死死固定在太空中。有的星系會被附近的星系或星團吸引，以固有的運動方式朝特定方向前進，再加上宇宙膨脹的速度，使得宇宙學分析變得更複雜（見〈宇宙是塊海綿〉〔*L'Univers est une éponge*〕[6]一文）。

## 宇宙大爆炸生日快樂！

一九三〇年代初期發現廣義相對論的新解後，勒梅特繼續研究宇宙學。他明白宇宙內部會因膨脹稀釋而冷卻。所以在很久很久以前，宇宙一定是更濃縮、更熾熱的。如果時光倒流，我們應該會看到所有星系互相靠近，直到完全合併，分子甚至原子層面也會如此……然後宇宙中物質密度會變得跟原子核一樣高！因此勒梅特想像，現在的宇宙是從一種非常濃縮的原始狀態開始膨脹、稀釋，他將之命名為「原始原子」（l'atome primitif），他所提出的模型也以此為名。

原始原子理論是大爆炸的雛形，主要思想為：現在的宇宙是從一個密度和溫度遠遠大於現狀、既熾熱又濃縮的原始宇宙，經過漫長的物理過程而逐漸演化至今。「大爆炸」一詞誕生於一九四九年的一個廣播節目中，英國天文物理學家弗雷德・霍伊爾（Fred Hoyle, 1915-2001）為了支持敵對的「靜態宇宙」理論（univers stationnaire），就用這個詞譏諷勒梅特的理論（見「知識星球 從哪冒出來的靜態宇宙？」）。但一般大眾卻喜歡上這個新名詞，從此以後大家就跟著用了！

大爆炸理論的基本思想很簡單：如果宇宙內含的物質並無特殊變動（沒有憑空生出或消失），那宇宙膨脹過程中，內容物只會因體積變大而稀釋。根據已知的物理定律，內含物質會因稀釋而逐漸冷卻。宇宙不會總像我們今天所觀測的一樣，密度和溫度（平均值）會不斷下降。這是一個相當漫長的演變！雖說如今這種理論已得到一致認可，但當初勒梅特發表時，可是引發了很多爭論與抵制。愛因斯坦就不喜歡宇宙從原始原子誕生的概念。對他來說，它太像一種神聖的「創世紀」（不過勒梅特總說他有充分的理由，他的理論沒有預設任何立場）。

自一九三〇年代以來，這些基本思想重新明確定義宇宙學的大綱。宇宙學的首要任務，就是好好重建宇宙歷史的每個細節，從極濃縮的時期到現在的星系遍布時期。

## 古老宇宙的熱血青春！

順著勒梅特的推論，繼續往回推到遙遠的過去，那時的宇宙一定非常小，且密度和溫度都是超乎想像的高。更早之前宇宙的大小幾乎為零，密度與溫度幾乎無限大。這個極端階段即為「大爆炸」的起點，因為它讓人以為（但其實是種誤解）整個宇宙是從某一個點開始「爆炸」……

愈早期的原始宇宙（處於密度和溫度極高的狀態），愈難用傳統物理學去描述現象。宇宙在某個時間點之前的現象，已經超過我們物理定律可以解釋的範圍：勒梅特生前已經預料到這種特殊狀態會引發量子過程。雖說我們今日能以量子力學正確描述原子和粒子尺度的現象，可當時宇宙所受到的重力影響比現在大太多了（因為極度濃縮的緣故），我們的物理定律不適用於這些極端的特殊狀態。這個極遙遠的時代被稱為「普朗克時期」（ère de Planck）（見圖十二），這個名稱是為了向有「量子物理之父」之稱的德國物理學家馬克斯・普朗克（Max Planck, 1858-1947）致敬。量子物理是二十世紀繼廣義相對論後的第二次科學革命，在一九三〇年代，這可是讓大多數科學家（包括愛因斯坦）暫時放下宇宙學轉而投入的熱門領域。

根據大爆炸模型，普朗克時期距今時間為 $t_U$。雖說我們對這個時期所知甚少，但至少可以確定的是，一切都跟現在完全不同。宇宙從那之後才以現在的型態存在，所以 $t_U$ 可以代表「宇宙的年齡」。

大多數的模型都預測 $t_U$ 必須與哈伯常數的倒數 $t_H$ 有相同的數量級，也就是一百多億年。從對宇宙和時空幾何形狀累積的種種觀測，我們發現 $t_U$ 差不多為一百三十八億年。但要注意，這可不代表宇宙誕生於一百三十八億年前！事實上，我們連普朗克時期到底發生什麼事或是持續了多久都不知道，更不用說在那之前的事……

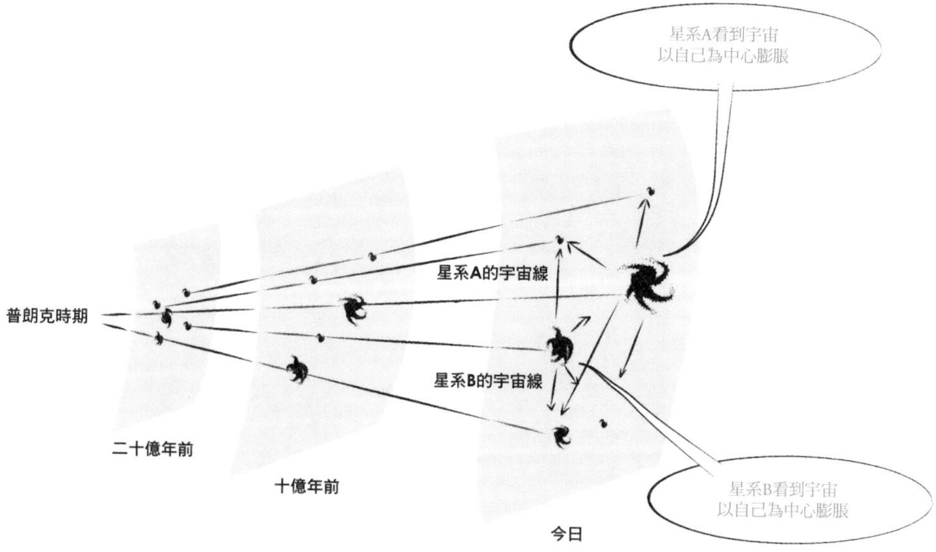
星系A看到宇宙
以自己為中心膨脹
星系A的宇宙線
普朗克時期
星系B的宇宙線
二十億年前
十億年前
星系B看到宇宙
以自己為中心膨脹
今日

圖 十二　宇宙的膨脹

若要估計宇宙的年齡，還有另外一種完全不同的方法，就是測量宇宙中某些天體的年齡。天文物理學家發現最古老的恆星和星團，約在一百二十億年前生成，這個數字非常接近 $t_U$。此觀測結果相當關鍵，因為大爆炸理論至今仍是唯一能解釋為何天體的年齡分布不會出現在另一段更長或更短的時間點。沒有其他方式能解釋這種巧合，所以這是支持大爆炸的有力證據！

## 好像有一點矛盾……

我們的宇宙從古至今已經有了巨大的變化，這是勒梅特理論的主要思想，但這不容易讓一九三〇年代的科學界接受。起初物理學家不是完全反對，就是漠不關心；不過先聲明，他們都把注意力放在剛開始發展的量子物理上。如同前文所述，愛因斯坦本人並不看好原始原子的概念，因為這跟「創世紀」很像！對他來說，從物理學的角度來看，原始宇宙是從一個濃縮點（密度無限大）蹦出的想法，真的很荒謬。

但那幾年勒梅特的理論之所以乏人問津，主要是因為它跟已知的證據有明顯矛盾。如果這個理論框架是真的，根據一九二九年觀測出的宇宙膨脹速度，宇宙的年齡可不到二十億年。但當時的地球物理學家估計地球的年齡為六十億年左右（現在公認值為四十五點四億年），而恆星的年齡則是……將近一兆年！宇宙裡居然裝滿了比它自己還老很多的天體？這種想法當然不被人接受。這也是為何當時科學界大都支持敵對的「靜態宇宙」模型（愛因斯坦似乎在一九三一年就有類似的想法，但還沒發表就早早放棄了）。

儘管有這種明顯失誤，勒梅特和幾個大爆炸理論的支持者依舊充滿信心，畢竟誰能保證一九二九年的測量結果完全正確？如果問題出在錯誤的觀測結果呢？事實上他們想的完全沒錯，再過幾年（一九五二年）就會發現，這些對宇宙年齡的初步估計完全錯誤！修正錯誤後，宇宙的年齡約為一百四十億年。大爆炸理論不僅被重新接受，甚至還非常有吸引力，因為最古老的恆星差不多也是這個歲數。而靜態宇宙模型（和其他大爆炸理論的競爭對手）就完全無法解釋這個結果……

## 原始的化學元素……是濃湯？

在一九三〇年代，描述原子核結構和核反應的核物理，還是一門剛開始發展的科學。創始人之一，俄裔美籍物理學家喬治．伽莫夫（George Gamow, 1904-1968）有驚人發現，觀測結果顯示，整個宇宙不同種類原子的組成比例，幾乎跟地球一模一樣！他率先提出，所有的化學元素可能先在恆星內部經核反應產生，再被散播到各處。

但一九四〇年代時，伽莫夫改變了想法，認為並非所有元素皆如此生成。他跟他的合作者拉爾夫．阿爾菲（Ralph Alpher）和羅伯特．赫爾曼（Robert Herman）重拾勒梅特的理論，指出有些元素可能在更早期，也就是原始宇宙的階段就生成。那時期的極端密度與溫度，的確是引發核反應的理想環境！阿爾菲將這個充滿當時宇宙的濃縮物質「原始濃湯」稱為「伊倫」（ylem），這是借用了亞里斯多德稱呼物質生成源頭「基本物質」的詞彙。總之，這個想法重新喚起了科學界對宇宙學的興趣。這篇為「太初核合成」（宇宙初期的原子合成）奠定基礎的論文發表於一九四八年四月一日。伽莫夫以三位署名者姓氏的諧音，拉爾夫・阿爾菲（Alpher）、漢斯・貝特（Bethe）、喬治・伽莫夫（Gamow），詼諧地將該理論命名為《$\alpha\beta\gamma$理論》。事實上，貝特並未參與這篇論文，不過伽莫夫還是為了能在四月一日開這個無聊玩笑把他的名字加進去！

「靜態宇宙模型」因錯估宇宙的年齡而較成功，但伽莫夫與合作者提出的「熱宇宙模型」起初卻沒得到多少回響。不過情況因新的觀測結果有所改變，天文學家發現氘、氦、鋰等輕原子在宇宙中存在的比例很高。但這些原子無法在恆星中產生，只能在大爆炸模型預測的極端濃縮與高溫狀態下生成！而且理論估計的值與觀測結果相當符合。另外研究者也了解到，其他原子核是在恆星中因「恆星核合成」的過程而生成。不過光是輕原子就足以支持大爆炸理論……

太初核合成的另一個重要影響是，若真如大爆炸模型猜的那樣，這表示基本粒子最多可被簡單分成四代「家族」。

「宇宙中唯獨兩樣事物為無限：宇宙的大小，與人的愚蠢。而宇宙的大小我卻不能肯定。」——愛因斯坦這種預測太神奇了，因為當時的粒子物理學家想像應該會有上百種粒子！簡言之，這些家族之間彼此「對等」，每代家族都可找到共同性質、相同數量但質量不同的粒子。例如第一代的電子、第二代（較重）的緲子（muon, $\mu$）、第三代（更重）的濤子（tau, $\tau$）。一般物質（包括我們的身體、行星、恆星）獨由第一代粒子，也就是電子家族組成；其他代的粒子則無法穩定存在。

歐洲核子研究組織（CERN，位於日內瓦）在一九八九年啟用的大型電子正子對撞機（LEP, Large Electron-Positron Collider）證實了太初核合成的預測。實驗證實總共只有三代粒子家族，這又是另一項支持大爆炸的論證！

## 今日宇宙論大哉問？

一九六五年發現的「宇宙微波背景輻射」（第六章），算是對敵對大爆炸理論的致命一擊。基於弗里德曼和勒梅特在一九二〇年代發表的方程式宇宙學框架，經歷半個世紀後，自此定型並沿用至今。

不過在伽莫夫的時代，大爆炸模型還是有很多種版本，定義的參數也未能完全得知（現在情況已經好很多了，但還沒完全搞清楚）！宇宙學家的主要工作之一，就是了解哪種版本與我們的真實世界最符合。每種模型都有一個能詳細描述宇宙演變的「規模因子」，以表示宇宙的膨脹；其演變率（為規模因子的對數對時間項微分的函數）相當於哈伯常數。經過數十年不斷地完善測量與爭論，天文學家仍未達成共識：他們估計這一常數從每秒六十七到七十三公里以及每百萬秒的差距，自此宇宙年齡約為一百三十八億年。

但有些宇宙學參數還待確定、待理解。例如天文學家從種種證據推斷，宇宙中除了「普通」物質外，還有大量不可見（或隱藏）的物質。所有物質不管可不可見，定會照愛因斯坦方程式預測的那樣產生重力，宇宙的膨脹會因此趨緩。因為我們所了解的重力，都是以吸引力的形式出現，行星、恆星或星系以此吸引其他天體，而非排斥。

不過，一九九〇年代以後的測量卻給出相反的結果，宇宙的膨脹似乎正加速進行！一些天文物理學家懷疑，這可能跟宇宙的年齡和星系形成有關。這種加速度與愛因斯坦在一九一七年引進的宇宙學常數不謀而合，勒梅特也對此非常感興趣（見「知識星球 宇宙學常數——究竟存不存在？」）。事實上，這個代表萬有引力排斥效應的常數，只能以整個宇宙的規模表現出來。所有觀測（像是加速變化）都符合其預測。

勒梅特曾表示，這種宇宙學常數可當成某種「真空能量」的影響。這個想法今日被許多研究者採納，他們大都認為這種加速可能是由某類被稱作「暗能量」（énergie noire，或「異能量」〔énergie exotique〕）的物質所引起。但這個假設物質的性質猶未可知，也沒有理論可以有效定義。

空間的曲率（這裡指的是三維的空間曲率，絕對別與四維的時空曲率混淆。在相對論中，即使能嘗試把時間和空間分開，結果也是人為的！），是另一個宇宙學家希望能準確估計的參數。愛因斯坦曾提出一個具有有限空間和正曲率的模型，但理論上這個模型的所有解法都有可能。這裡說的曲率和宇宙內含物質，與前面提到的宇宙學常數大小有關。只能以非常精確的觀測直接測量（如下一章提到的宇宙微波背景輻射）。從目前的觀測結果看來，空間的曲率非常小，許多學者甚至認為它是零，也就是說「宇宙是平坦的」。但要注意，這邊說的「平坦」指的不是時空（即宇宙本身），而是空間的平坦！宇宙本身不可能平坦，因為平坦意味著沒有膨脹……

4 也稱為「弗里德曼－勒梅特－羅伯遜－沃爾克度規」（Friedmann–Lemaître–Robertson–Walker (FLRW) metric），以四位較有貢獻的人名命名。

5 氣球這個比喻還有一處誤解：若是在氣球上畫兩點再充氣，會發現兩點間距離變大，點本身的大小也會變大。但宇宙的星系大小會因重力關係而不以同樣幅度變大（以氣球做類比，點當作星系，氣球當宇宙。充氣後，點本身大小固定，但點之間的距離變大）。

6 John Richard Gott (2017) : L'univers est une éponge ; mystérieuse toile cosmique, Dunod.

知識星球

## 赫赫有名的哈伯常數

所有星系間的距離都因宇宙的膨脹而不斷增加，我們所處的銀河系也不例外，其他星系都離我們愈來愈遠（但不會往任何星系靠近），而且逃離的速度愈來愈快。前一章所說的光譜偏移，正是這種加速膨脹所導致。必須理解的是，宇宙的膨脹並沒有所謂的「中心」；的確，所有的星系都在遠離我們所處的星系，但相對於任何其他星系來說也是如此！這又是一個這種所謂的「膨脹」與直覺的不同之處……

哈伯－勒梅特定律指出，一個星系遠離我們的速度，跟我們的距離成正比，兩者比率就是哈伯常數（$V = H_0D$），這個常數代表宇宙的「當前膨脹率」。勒梅特和哈伯都在各自的著作中估計了哈伯常數的大小，後來卻發現他們高估了十倍左右。天文學家花了近一世紀的時間來精確估計$H_0$，在日益強大的天文望遠鏡幫助下，現在誤差只有幾個百分點。以地球軌道望遠鏡觀測到的$H_0$最新結果，約為每百萬秒差距（秒差距是距離單位，一個秒差距相當於約三點二六光年，一個百萬秒差距為一個秒差距的一百萬倍）每秒六十七到七十三公里（km/s/Mpc）。這個數字意味著，若某星系離我們有一百萬秒差距遠（約三百二十六萬光年），那它因宇宙膨脹而遠離我們的速度會是每秒六十七公里；若該星系距離為一千萬秒差距，速度就會快上十倍，也就是每秒六百七十公里，以此類推（如果距離又比這長很多，算法又會更複雜）。

知識星球

## 從哪冒出來的靜態宇宙？

由於無法接受勒梅特的原始原子理論，一九四八年天文物理學家弗雷德．霍伊爾、湯馬士．戈爾德（Thomas Gold, 1920-2004）和赫爾曼．邦迪（Hermann Bondi, 1919-2005）提出了另一種解決方案。他們分別在兩篇論文中（一篇由邦迪和戈爾德合著，另一篇由霍伊爾撰寫）描述了他們「應該算是靜態的膨脹宇宙」的模型，一整個矛盾的敘述……

這個模型是基於宇宙學原理的延伸。宇宙學原理是指，宇宙的特性對所有觀察者都一樣，不會因觀察者的位置有所區別，這個原理被廣為接受。邦迪、戈爾德、霍伊爾提出的「完美宇宙學原理」（ＰＣＰ）更具體補充：不管宇宙演化到何種地步（以大尺度來看）都會一樣，觀察者不會觀測到任何宇宙整體性的變化。換句話說，在這個模型中，宇宙沒有所謂的歷史，而是「永恆不變」……

這個想法當然有吸引力，因為它重新打造出一個永恆不變的神話宇宙。但完全不符合一九三〇年代初就發現的宇宙膨脹，似乎得提前出局！正如天文學家所知，這種膨脹會導致宇宙的物質不斷被稀釋、冷卻，所以一切都在不停變化中。那這種與觀測結果完全背道而馳的理論要何以為繼？

然而這三位研究者只以「物質會不斷生成」（création continue de matière）這種獨創觀點來解釋一切。如果物質生成的速度可抵消因膨脹引起的稀釋，那宇宙的密度和整體性質就不會改變。生成的新物質還會漸漸聚集以形成新的星系……這種假設看來真是奇怪又大膽。根據邦迪和戈爾德的估算，要讓宇宙保持固定的密度，只要每十億年在每立方公尺多生成一顆原子就足夠了。這種「合理」的物質生成聽起來好像沒那麼荒謬。靜態宇宙理論有一陣子還是挺受歡迎的，特別是當大爆炸模型的發展剛好嚴重卡在宇宙年齡問題的時候！

很不幸的是對這個理論來說，愈來愈多的精密天文觀測結果顯示，宇宙還在持續演化。相似模型在一九五〇年代無線電波發射源計數技術（由英國無線電天文物理學家馬丁・賴爾〔Martin Ryle〕發明，他是一九七四年諾貝爾物理學獎得主）問世後，被陸續放棄。隨後核物理的發展為大爆炸模型提供了嚴謹的論述：霍伊爾在一九六四年終於領悟到，宇宙中大量蘊藏的氦原子，與大爆炸理論的「太初核合成」所預測的不謀而合，但靜態宇宙模型卻無法解釋。不過真正將這些靜態宇宙模型摧毀的，還是隔年發現的「宇宙微波背景輻射」（見第六章）。

知識星球

## 宇宙學常數——究竟存不存在？

當愛因斯坦在一九一七年提出自己的第一個宇宙模型時，沒有任何觀測結果指出宇宙正在膨脹，就連他自己也根本沒想到。不然以他的方程式最初形式，根本無法與靜態宇宙的存在聯想在一起。除了使用牛頓的重力常數外，他還加入第二個基本常數（以Λ表示）以修改方程式。硬加上這個與宇宙規模現象有關的「宇宙學」常數，純粹是為了符合與當時觀測相符的靜態模型。

一九二〇年代末才發現宇宙的膨脹。於是愛因斯坦承認「錯誤」（他說這是他一生中最大的錯誤），並放棄了他覺得無用的常數。勒梅特卻繼續保留這常數，因為它的存在可以解決理論估算出的宇宙年代（那時候還是錯的），與地球年代的矛盾（見上文）。然而當時他的觀點沒人支持，大多數同事都認為Λ沒什麼作用，所以不該存在……

但是幾十年來累積的種種觀測（特別是關於恆星的年齡和星系的形成），

依舊令人疑惑，讓宇宙學常數還保有一線生機，卻在一九九〇年代到二十一世紀初戲劇化地浴火重生了：對極遠超新星（恆星爆炸）的觀測證實宇宙正加速膨脹！根據已知的物理定律，物質和能量（輻射）只能減緩膨脹。所以這種加速絕對是由其他原因導致，但到底是什麼呢？

宇宙學常數正好可以代表觀測到的加速膨脹。儘管配合得天衣無縫，還是有許多物理學家不願承認這個常數的存在。他們更喜歡將這種加速膨脹歸因於一種想像中的奇特物質，並命名為「暗能量」、「第五元素」（quintessence）、「加速能量」（accélérescence）、「真空能量」……花樣還真多啊！就算這個假設真的有理，也很難讓人把粒子物理跟宇宙加速膨脹聯想在一起。雖然粒子物理無法被精確計算，但它的自然特性與觀察結果相比，居然超出一百二十個數量級（$10^{120}$倍，就是一後面有一百二十個零）！這個預測真是差勁得難以想像！令人跌破眼鏡的是，居然有人將這種分歧視為「宇宙學常數問題」，根本不提有人不承認這個常數的存在！粒子物理與宇宙學之間的關係真讓人摸不著頭緒……

我們還是得將這個常數重新放進廣義相對論嗎？根據已有的論證應該是要

的。在這種情況下，Λ會像其他物理常數那樣，大小無法被理論預測，只能被測量。今日它的確是經由測量宇宙膨脹加速度（與其他相關計算）來估計。

但從物理的角度來看，Λ究竟是什麼呢？根據相對論，時空會被宇宙內含的物質彎曲。但這個常數只要不是零，就代表完全不含物質的真空時空也有彎曲。一九二〇年代，荷蘭天文學家德西特提出了一個具有非零常數曲率的真空時空模型。在這樣的宇宙內「添加」物質，就能描繪出一種類似真實宇宙的時空！而德西特的模型與愛因斯坦方程式的一個精確解法相符合，是一個有非零宇宙學常數（德西特認為一定要有）的真空時空。所以可以把Λ當成真空時空的曲率（常數）……

# 第六章

# 看！就是那一道來自遠方的光！

一九六〇年代，隨著宇宙電磁輻射的觀測結果出爐，再也無人敢懷疑大爆炸模型的真實性。而之後的詳細研究更披露了大量資訊……

## 恰恰好的偶然發現

一九四八年，當伽莫夫提出熱宇宙模型時，太初核合成的想法似乎出師不利。根據觀測結果，宇宙中所有「一般」物質的質量中，氦原子約佔百分之二十四，氫原子則佔百分之七十四左右（剩下的百分之二則是其他元素）。但根據初步計算，這段持續僅僅幾分鐘的太初核合成過程中，生成的氦應該要更多……

為了解釋這個看起來讓人頭痛的結果，阿爾菲和赫爾曼（伽莫夫的合作者）迅速提出一個絕妙的解答：原始宇宙中一定充滿著大量的光子，也就是光或電磁輻射，因此減緩了氦的生成。但究竟是何種機制？在太初核合成的過程中，夠熱夠濃縮的物質可引發連鎖核融合，並生成輕元素：質子與中子融合成氘原子核，然後兩個氘原子核又融合成氦原子核（兩個質子加兩個中子）。根據阿爾菲和赫爾曼的看法，遭受無數光子撞擊的氘原子核會「不容易」互相融合，導致氦的生成量遠遠低於預期。

這兩位研究者的推理還有後續。當密度和溫度持續降低，低到這些原子核無法繼續融合時，這些「凝事的光子」又會怎麼樣呢？它們沒理由憑空消失，所以只能繼續流動直至今日！宇宙的膨脹當然會「稀釋」這些光子，使得它們的分布愈來愈廣。不僅如此，光子的波長也會因此增加，由於光子的能量與波長成反比，所以這種原始輻射的能量就會愈來愈小，當然也可以說愈來愈冷，因為氣體或輻射的溫度代表每個粒子的平均動能。根據阿爾菲和赫爾曼的計算，留存至今的輻射應該無法以肉眼觀測，因為波長太大無法看到。

一九六四年，分別有兩批宇宙學家重新做出預測：一組由前蘇聯安德烈．多羅什克維奇（A. G. Doroshkevich）和伊戈爾．諾維科夫（Igor Novikov）代表，另一組則由美國人羅伯特．迪克（Robert Dicke）和吉姆．皮布爾斯（Jim Peebles）領頭。美國團隊很快就在普林斯頓大學內，著手進行一項可探測這些光子的實驗。不幸的是，他們被捷足先登。離普林斯頓不遠的貝爾電信公司，自一九五〇年代末以來就研究地球軌道衛星通訊方面的問題。該公司的兩位工程師，阿諾．彭齊亞斯（Arno Penzias）和羅伯特．威爾遜（Robert Wilson）建造了一台天線，用以探測這些衛星的微弱訊號。他們在一九六三年決定改建成無線電望遠鏡，以捕捉恆星和星系發射的無線電波。

觀測初期，他們就發現有種背景噪音會干擾測量。不管讓天線指向哪個方向，這些干擾訊號都比預期來得強烈。他們多次檢查設備，甚至把在天線中築巢的鴿子轟走，卻一點都沒用，干擾訊號依舊存在！最後在同事的幫助下，他們終於明白自己的發現到底有多了不起……

一九六五年，彭齊亞斯和威爾遜發表了一篇文章，正式宣布他們驚人的發現。但解釋這個現象的卻是普林斯頓的研究小組：這種電磁輻射是宇宙處於又熱又濃縮的原始階段時發出的！自此科學界轉頭支持大爆炸模型，因為只有這個模型能解釋（也可以說一定要發現）這種輻射的存在！彭齊亞斯和威爾遜因此得到一九七八年的諾貝爾物理學獎，可說是實至名歸。

這兩位學者的觀測證實，在目前的宇宙中，每公升的空間約有四十二萬種原始光子。聽起來很多，但地球外面軌道上（有日照的半邊）每公升約有四兆個從太陽發出的光子，兩者比例相差懸殊……

## 光與物質相互作用的終點

讓我們回頭看那段又熱又濃縮的原始宇宙時期，來了解宇宙輻射的起源。那時所有物質都被離子化，沒有所謂的原子（即外圍有電子環繞的原子核），只有能自由流動的高能量帶電粒子，不是質子（即氫原子核和一些離子化的氦原子核），就是自由電子。光子（當時的能量還很高）與物質之間不斷相互碰撞，電子與原子核一結合成原子，鍵結就馬上被光子打斷。

這些光子也會撞擊電子和帶電的原子核，再因這些衝擊而四散到各個方向，並改變能量。這就是光子的「散射」，就像光在大霧中被微小的水滴不斷地反射到各個方向。結果是相同的：光線無法不受阻礙地傳播，也無從觀察，因為完全出不來（雖然裡面像太陽內部一樣充滿了電磁輻射）。因此，原始宇宙是完全不透光的，任何觀察者都無法利用光或電磁輻射來辨認任何物體（見下頁，圖十三）。

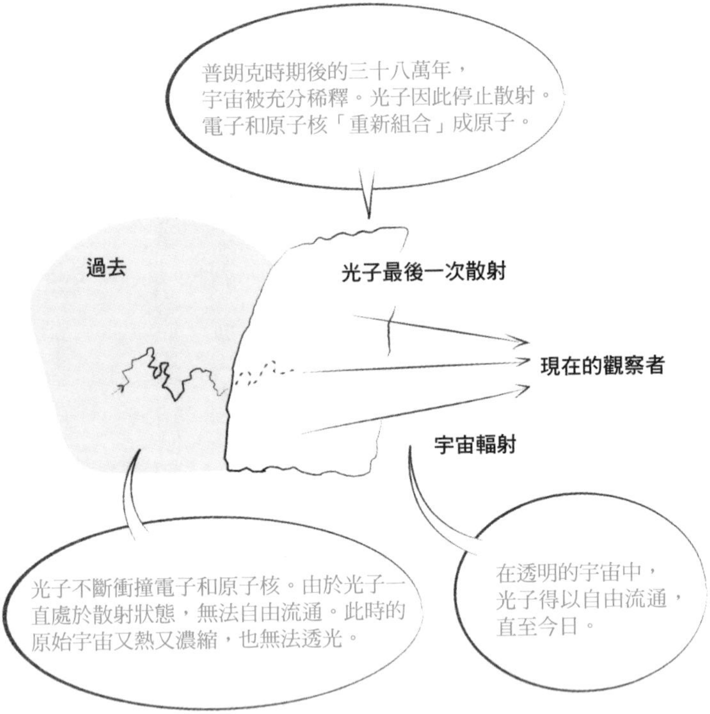


圖 十三 宇宙微波背景輻射的起源

但宇宙因膨脹而稀釋並冷卻，情況會因密度和溫度的降低而改變。光子和物質間的碰撞愈來愈少，少到一定程度時，質子就能跟電子有穩定的鍵結，形成第一批氫原子。這個階段被稱為「復合」（recombinaison，指原子核跟電子之間），並象徵不透明宇宙的結束。事實上，若離子化（帶電）的物質在復合前還能與光子有很強烈的反應，原子的情況就不一樣了，因為原子本身是不帶電的中性。一旦大部分物質都以中性氫原子的形式存在，原始光子就能不受阻礙地自由傳播。此時宇宙就會開始透明化。

復合階段大約發生在太初核合成後的三十八萬年（約一百三十億年前）。之後光和物質就分別走向不同的命運。物質在重力影響下（又稱「金斯不穩定性」〔instabilité gravitationnelle〕）（見下頁，圖十四），開始了漫長的收縮過程，並生成恆星與星系，至於（幾乎）所有的原始光子則繼續傳播，不會與其他物質作用。這就是彭齊亞斯和威爾遜發現的宇宙背景輻射的來源。原始光子是古早時期遺留下的最後痕跡，如同宇宙早期封存的化石一般！它的相關研究給我們提供了許多啟示……

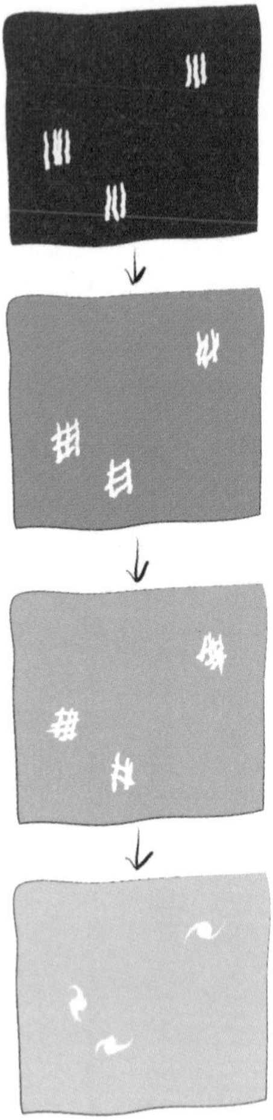
復合時期已有一些
密度起伏
復合時期後，由於
重力作用，物質以
密度較高處為中心
開始凝結
原星系生成
星系生成

圖 十四 金斯不穩定性[8]

## 一條淺顯易懂的曲線

在宇宙背景輻射開始散發的時期，宇宙仍像碗滾燙的「濃湯」，在極高溫下處於熱力學平衡，就像高熱的爐心一樣。不過物理定律明確指出，熱產生的輻射具有顯著的特性：「顏色」（確切地說，是波長的分布，也就是光譜）與輻射強度只跟來源的溫度有關！

輻射是由各種波長的光子組成。輻射的光譜可顯示出光子的比例（是輻射強度）與波長間的函數關係。在熱平衡過程中產生的輻射，光譜會有非常明確的「鐘型」特徵，我們將此稱為「黑體輻射光譜」。輻射強度分布最大值的波長（所以說是一種顏色）只跟發射源的溫度有關（見一四九頁，圖十五）。溫度愈高，最大值的波長愈短（與溫度成反比），且整個光譜會向短波長方向集中，所以能量更高（若是在可見光波段，就由紅色向藍色集中）。

宇宙在復合階段的溫度約為三千K，K是絕對溫標（克耳文〔kelvin〕），不同於攝氏或華氏的相對溫標。零K代表絕對零度（負二百七十三點一五度C），這是只能想像但絕對無法到達的最低溫度，因為這代表原子處於絕對靜止的狀態。大於絕對零度時，一Ｋ的溫差相當於一度Ｃ（所以二百七十三點一五Ｋ等於零度Ｃ）。

宇宙在溫度到達三千Ｋ時開始發出背景輻射。此時的輻射最大強度，落在波長約一微米左右的紅光波段。後來宇宙因膨脹而「冷卻」，所有光子的波長因此增加。今日的宇宙溫度已降至二點七三五Ｋ，最大強度的波長差不多只剩下幾個毫米，相當於無線電波波段。這就是為何這種輻射在古英語中被稱為「宇宙微波背景輻射」（CMB, Cosmic Microwave Background）。

過了很久以後，人們才完全確定ＣＭＢ與「黑體輻射光譜」的分布吻合。彭齊亞斯和威爾遜當時只能觀測某段較窄的波段，無法建立整個光譜。之後的測量補足了其他波段的資訊。若要得到整個光譜的正確分布，必須遠離會吸收大部分微波輻射的地球大氣層。一九八八年，美國太空總署（ＮＡＳＡ）發射了宇宙背景探測者衛星（COBE, COsmic Background Explorer）來解決這個問題，並在一九八九年以精確度極高的觀測證實了ＣＭＢ與黑體輻射的理論預測相符合；不

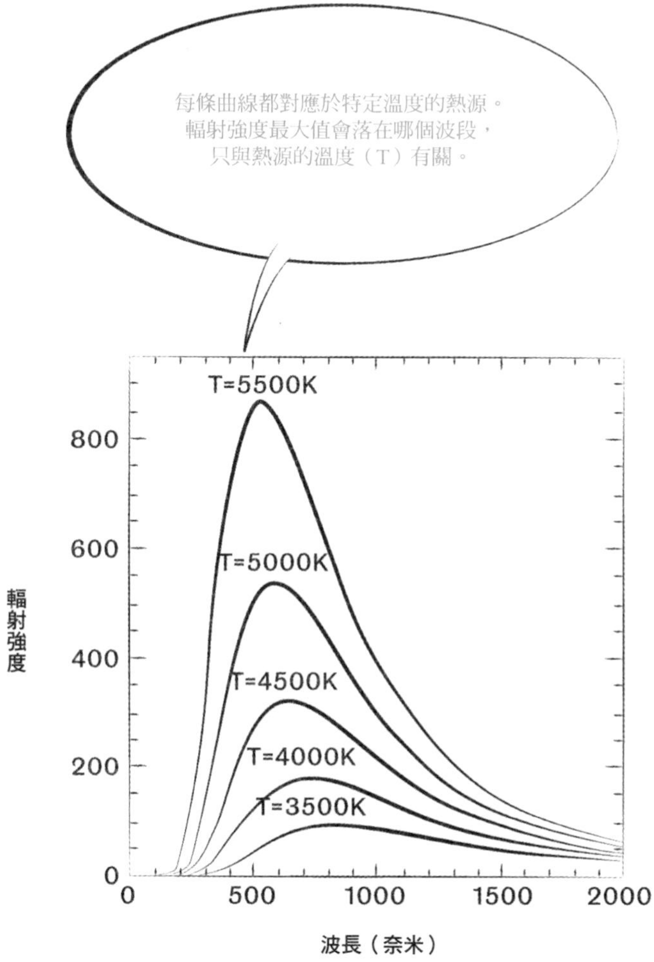


圖 十五　黑體輻射光譜（熱輻射）：波長與輻射強度間的函數關係

管觀測方向為何，溫度都在二點七三K左右。除了大爆炸模型，沒有任何理論可以解釋這個現象，這個證據可說是堅不可摧……

## 很像……但不完全是各向同性！

ＣＭＢ的光子能自由傳播之後，幾乎沒與物質發生相互作用，因此它們可以如實呈現宇宙在復合階段的狀態。在這階段恆星或星系都尚未生成，所以這碗充滿物質和輻射的「濃湯」可說是相當均勻。大爆炸模型認為ＣＭＢ必須以強烈的各向同性呈現，就是說整個天際的溫度和光譜分布都該一致。

這方面的特性已被精密驗證，誤差小於十萬分之一（百分之零點零零一）！代表在復合階段，所有空間的物理狀態都相同。再一次，只有大爆炸模型能解釋這種均勻性和各向同性……

即使在太空中，也不容易觀測到ＣＭＢ在天際的均勻性。首先得把移動考慮進去：地球繞著太陽公轉，太陽本身又會在銀河系內移動，銀河系在宇宙中也有自己的運動。根據光譜偏移效應，朝我們接近的輻射會「藍移」（能量提高），反之則會「紅移」（能量降低）！這種能被精確測量並深入了解的偶極效應，可讓我們得知自身在宇宙中的移動速度！納入這方面的校正後，還得從觀測數據中識別出不同天體發射的無線電波所造成的雜訊，天文學家得將雜訊挑出並從數據中削去干擾。這可不是件簡單的事，但致力於這些觀測的團隊至今都認為這是關鍵。

這很重要，因為大爆炸模型並沒有預測CMB會完全分布均勻，而是看起來像有，但並不「完美」的各向同性！宇宙在復合階段時不可能完全均勻（所以也不可能有完全各向同性的CMB），密度不可能到處都一樣。如果當初真是如此，那物質可能永遠無法（立刻）開始冷凝過程。但這個（金斯不穩定性）過程正是星系和恆星逐漸形成的原因。若開始這個過程，復合時期必須起初就有些微的不均勻性。

因此根據大爆炸模型，太空的CMB分布中，應該會看到某些稍微溫暖的區域。這點正好完全符合觀測結果：（見「知識星球　從宇宙背景探測者到普朗克衛星：魔鬼藏在細節裡」）ＣＯＢＥ率先證實，之後的實驗以更高精確度接連驗證：太空中的不同區域，ＣＭＢ溫度的差異在千分之一左右！根據統計分布，這種各向異性在不同層次所得到的觀察，完全符合大爆炸的模型預測。又是一個有力證據！這些物質的波動是能影響未來宇宙結構的「種子」……

這種「弱各向異性」的詳細研究已經有了令人振奮的結果。其分布不僅可提供復合時期物質波動方面的資訊，也能提供另一種測量時空幾何的方法，讓我們更了解時空的整體幾何形狀。與其他觀測結果結合，可讓我們精確估計宇宙的不同特性。因為光線的傳播（涉及宇宙光學）跟時空的幾何形狀有關：任何遙遠的天體，或是ＣＭＢ所在的任何區域，都可因不同曲率而變形、變大、收縮、放大等。各向異性的細節揭開了不少關於宇宙的資訊，像是空間曲率應該很小或是零（我們稱之為「平面宇宙」），而這種曲率不管套用哪一種值，理論上都說得通。

我們也可從各向異性的觀測知道宇宙中還有什麼物質，其特性和宇宙中物質、與能量的總體數量或特性有關。實際上，根據愛因斯坦方程式，時空（幾何）曲率是因物質和能量產生。我們可以藉此推算出物質（不管可不可見）的平均密度、重子成分（即一般物質）的密度、宇宙學常數的存在性等。這些都與我們其他觀測推算的結果吻合，所以宇宙學家將他們的模型稱為「共識模型」（modèle de concordance）。

藉由分析各向異性，我們可以驗證各種關於宇宙結構（星系和星團）形成過程的理論。最後，殘留在ＣＭＢ上的某些細節可讓人推測復合階段前可能發生的過程，因為這階段應該有在背景輻射中留下蛛絲馬跡。總之，ＣＭＢ的祕密還沒解完！

---

7 本書寫於二〇一七年，最後一次發布數據為二〇一八年七月。之後應該不會有新數據了，目前沒有更多關於重力波的發現。Ref:https://arxiv.org/abs/1807.06205

8 圖十五「金斯不穩定性」是根據國家教育研究院的學術名詞Jeans instability。

知識星球

## 從宇宙背景探測者到普朗克衛星：魔鬼藏在細節裡

美國的ＣＯＢＥ也是首顆觀察到宇宙背景輻射的細微各向異性（天空中一處到另一處的溫度變化）的人造衛星。一九九二年發表結果時引起了大轟動，該計劃的兩位「領導者」喬治・斯穆特（George Smoot）和約翰・馬瑟（John Mather）也因此獲頒二〇〇六年的諾貝爾物理學獎。但天空的背景影像仍然很模糊，因為ＣＯＢＥ的分辨率只有七度，更小的角度就無法辨認細節，難以得出精確的宇宙學結論！為了得到更精確的輻射強度分布，接下來的十年展開了不少任務。毫米波段氣球觀天計劃（BOOMERanG，Balloon Observations Of Millimetric Extragalactic Radiation and Geophysics，又名回力鏢計劃）是將望遠鏡安裝在高空氣球上的實驗。一九九九年，它觀測到近一度角尺度的各向異性，不過這只能觀察天空的一小部分。二〇〇一年，美國太空總署發射的威爾金森微波各向異性探測器（WMAP, Wilkinson Mircowave Anisotropy Probe），二〇〇三年探索了整個天際。針對五種不同波長做出觀測，並顯示了精密到二十弧分（三分之一度）的細節。這下總算有既清楚又精確的CMB影像了！

第三顆衛星規模的實驗屬於歐洲太空總署，於二〇〇九年五月發射升空，被命名為普朗克衛星，以紀念這位偉大的德國物理學家，旨在成為終極宇宙學實驗。二〇一三年三月，它以高出三倍的清晰度和九種波長顯示更多細節，精確度足以改進許多關於宇宙學參數的估計，尤其是宇宙的年齡（近一百三十八億年，比研究人員認為的還大一點）和哈伯常數（約每秒每百萬秒差距六十七點八公里）。普朗克衛星的影像分析今日仍持續著[7]。結合其他實驗結果的話，應該能發現更多資訊。像是宇宙學家（和所有物理學家）都迫不及待看到的，一些可能在宇宙極初期就發出的重力波（見第八章）……

## 第七章

# 相對論在宇宙學的優秀表現

當重力場影響相當劇烈時，與牛頓物理學相比，廣義相對論更顯獨到之處。某些天體和天文物理現象精彩地證明了這點。

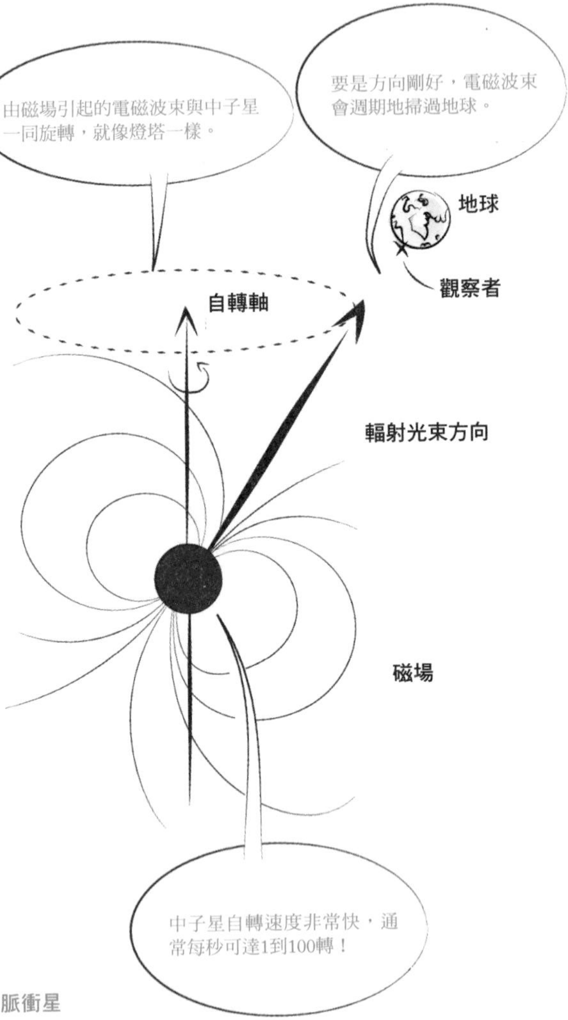
由磁場引起的電磁波束與中子星
一同旋轉，就像燈塔一樣。
要是方向剛好，電磁波束
會週期地掃過地球。
地球
觀察者
自轉軸
輻射光束方向
磁場
中子星自轉速度非常快，通
常每秒可達1到100轉！

圖 十六 脈衝星

## 爆裂的一生：中子星和脈衝星

大型恆星（質量超過太陽的八倍）會以劇烈的方式結束一生。耗盡了所有核燃料後，內部會因重力作用而塌縮，外層則以高速（至少十分之一光速）被拋出！這種被稱為超新星的爆炸現象，發生時足以照亮整個星系……

爆炸後可能會變成一種叫作中子星（étoile à neutrons）的奇怪天體。這種天體雖然很小（半徑十到二十公里），質量卻很大（太陽質量的一點四到三點二倍[9]），密度跟原子核一樣高，每立方公分超過一億噸！它不是恆星，由被重力壓在一起的中子所組成，無法再產生核反應……

中子星的直徑跟一個城市差不多大，卻比太陽還重，因此會產生很強大的重力場。在它周圍的時空，會有比太陽周圍還強一萬倍的幾何彎曲！這種環境對觀察廣義相對論的具體影響來說再適合不過了。

但要如何探測這些遠在幾萬光年外的迷你天體呢？中子星有一種既獨特又方便觀測的特徵，就是自身產生的強烈磁場[10]。有些中子星形成前的爆炸過程會像陀螺一樣高速自轉[11]，可能每秒一到一百轉，甚至更快！另外，高度磁化的中子星會發射一條很細的電磁波束（波長處於無線電波段），類似燈塔發出的光束，方向會隨著自轉而改變。假設情況吻合，電磁波束會週期地掃過地球（它會自轉）：地球上的觀察者每隔一個自轉週期會收到一波脈衝射線，就像燈塔會週期地照亮同一個地方。因此我們將這種類型的中子星稱為脈衝星（pulsar，從英文的pulsating radio source〔脈動無線電波〕而來）。第一顆脈衝星於一九六七年由英國天文物理學家約瑟琳．貝爾（Jocelyn Bell）發現，目前為止我們已經發現了兩千多顆。（見一五八頁，圖十六）

中子星並非單獨出現。一九七四年起天文學家陸續發現一些脈衝雙星（pulsars binaires）（見圖十七）。脈衝雙星是一對「關係密切」的天體，可在數小時內沿著軌道相互繞著彼此轉圈[12]。這樣的雙星系統很適合拿來觀測廣義相對論的某些效應，像是跟水星軌道一樣的進動現象（見七十九頁，圖九）。回想一下，水星的「近日點進動」（繞日軌道軸線的偏移）為每世紀四十三弧秒，比牛頓物理學預測的還大，但符合愛因斯坦理論的預測。在強烈重力場的影響下，脈衝雙星的

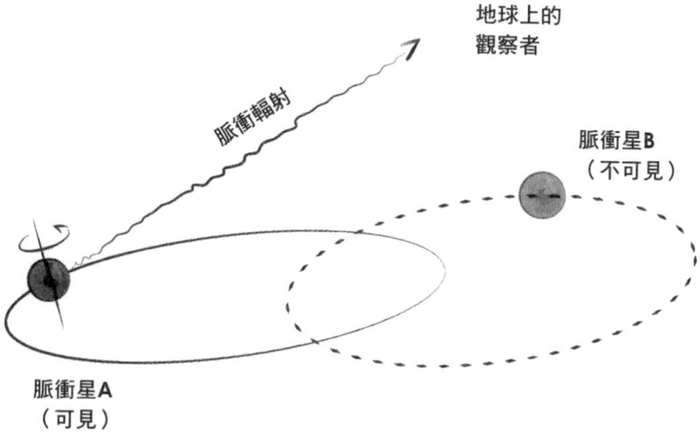


圖 十七 脈衝雙星

軌道進動幅度更大……

第一個發現到的脈衝雙星（也是研究最多的一個）每年就有超過四度的進動，某些脈衝雙星每年甚至有超過十度的進動！廣義相對論再次帥氣地證實！一九七四年美國人拉塞爾・赫爾斯（Russel Hulse）和約瑟夫・泰勒（Joseph Taylor）發現這種脈衝雙星，後續的觀測也間接證實愛因斯坦預測的重力波存在，這種重力波直到二〇一五年才直接探測到（見「第八章：尋找愛捉迷藏的重力波」）。

## 極端天體——黑洞原來這麼小？

十八世紀末，開始有學者思考（此時還是用牛頓的理論框架），質量大到能「留住」自身發射出的光的天體是否存在？英國人約翰・米歇爾（John Michell, 1724-1793）和法國人皮耶－西蒙・拉普拉斯（Pierre-Simon de Laplace, 1749-1827）先後（中間隔了數年）分別估計的結果是，這樣的「黑暗天體」應該比太陽大上幾百倍。

然而在一九一五年後，廣義相對論提供了一個新框架來重新思考這些問題，並檢驗光在強烈重力場中的行為模式。一九一六年德國物理學家卡爾．史瓦西（Karl Schwarzschild）早就預測，若一個天體的質量被壓縮到相當小的體積，密度就會變得非常高，並嚴重扭曲周圍時空的幾何形狀。當時空扭曲嚴重到光根本無法傳播的地步，這顆「黑暗天體」會以自身的強烈重力，把周圍所有物質都吸進去，並永不再吐出。這就是為何這種無法被直接觀測的星體，會在一九六〇年代末被美國物理學家約翰．惠勒（John Wheeler）命名為「黑洞」（trou noir），並沿用至今。

黑洞內部的物質會無止境地塌縮，並集中在一個密度似乎無限大的點，這個點被稱作「奇異點」（singularité），實際上這個想法已經沒那麼驚人……此外，時空的變形會以一種特殊的形狀呈現：奇異點被包在一層（非物質）球面，在這個被稱作「事件視界」（horizon）的球面內，所有東西（就算是光）都無法逃脫。事件視界將黑洞與宇宙其他部分隔開：從外面，我們對內部發生的事一無所知；一旦跨越了事件視界，就再也逃不出來……

愛因斯坦不喜歡讓某個物理量（例如黑洞的密度）變成無限大的想法。他認為真實的物理不可能這樣，這比較是理論上的缺陷。今日有不少物理學家認為他沒錯。如果考慮到「量子效應」，應該不可能有奇異點的存在。而且光也可能以史蒂芬・霍金（Stephen Hawking）最先提出的過程（跟量子物理有關）從黑洞逃離。總之，完全符合定義（符合廣義相對論方程式描述）的黑洞應該不存在，且仍存在極大的猜測與爭議。許多物理學家認為，要正確描述這種結構，必須同時考慮重力與量子效應的影響，就是要用量子重力理論（gravité quantique）。可惜這種理論還沒出現……

儘管如此，經過數十年的爭論，大多數的天文物理學家都認為黑洞真的存在（即使不完全符合廣義相對論定義）。這種天體當然無法直接觀測。然而，天文學家已經發現幾處發射強烈X光的源頭，似乎「暗示」附近有個（看不到的）恆星質量黑洞（大小跟一般恆星差不多大的黑洞），正在吸收附近恆星上的物質。最近幾年由於重力波觀測，這類黑洞的存在得以漂亮地證實（見第八章）。另外，某些恆星群的高速運動或軌道干擾，很容易被歸因於黑洞造成的重力導致（簡單來說，若找不到其他解釋，可能就是如此）。

這種可怕的天體到底是怎麼形成的？當然也是巨型恆星（質量超過太陽十倍）經過超新星爆炸後的殘骸：恆星內部塌縮後密度太高，無法成為穩定的中子星，只能無止境地崩潰下去……像黑洞一樣，這就是所謂的「恆星質量黑洞」（太陽質量的幾倍左右）。銀河系可能有很多這樣的天體，它們可能是前文中高能量輻射的來源。計算顯示，這些天體很小：例如，根據理論預測，質量跟太陽一般大的黑洞，事件視界半徑僅有三公里，也就是說，整個事件視界是個直徑只有六公里的球體（當然是從外面看，因為時空彎曲允許內部有更大空間）！

另外，愈來愈多可信度愈來愈高的觀測結果顯示，大型星系（包括我們所在的星系）的中心區域可能藏有巨型的「超大質量」黑洞（質量為太陽的數百萬倍）。它們的成因尚且不清，但毫無疑問的是它們在這些星系的形成演化中扮演重要角色。

## 飄移—時空中的幻影

正如我們在第二章所見，首次觀測到時空彎曲是在一九一九年日全蝕期間：某顆星星在天空中的影像因太陽導致的光線偏折而移動了位置。一九三〇年代愛因斯坦就算出類似的結果：來自遙遠天體的光會因為經過某些離我們更近的星系（或星團）而偏移。結果令人振奮：遠處天體的影像會因前景天體產生的彎曲而放大，就像望遠鏡一樣！這種位於前景的大型天體可被當成「重力透鏡」（lentilles gravitationnelles）來用。（見圖十八）

重力透鏡的效用不僅如此，還可以把遠處天體的影像變形或重複。因此我們可以觀測到某種天體的「幻影」：從某個天體發出的光被這種透鏡偏折，經過不同路徑後才被接收，所以我們觀測到的影像會偏移、變形、甚至重複成像……

一九七九年首度發現重力透鏡效應。一個位於數十億光年外的超亮類星體（quasar），由於重力透鏡效應，觀測到兩個一模一樣的影像。一九八七年來天文學家觀測到許多「重力弧」，這些是從非常遙遠的星系發出，但被近處星團的巨

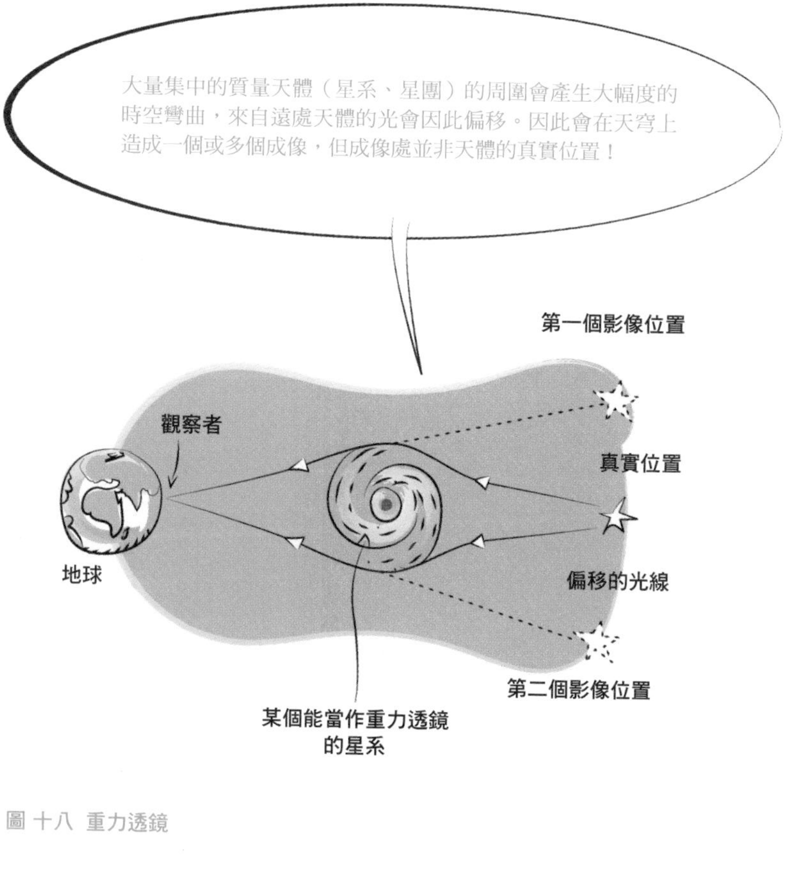
大量集中的質量天體（星系、星團）的周圍會產生大幅度的時空彎曲，來自遠處天體的光會因此偏移。因此會在天穹上造成一個或多個成像，但成像處並非天體的真實位置！
第一個影像位置
觀察者
真實位置
地球
偏移的光線
第二個影像位置
某個能當作重力透鏡的星系

圖 十八　重力透鏡

大質量變形的影像。這些影像有時會在透鏡的周圍形成一圈「重力環」。

這些效應的觀測漂亮地驗證了廣義相對論……但重力透鏡效應還有更多應用！一方面，它的放大效應對研究遙遠的天體很方便，若是沒有重力透鏡，它們會因亮度不足而難以觀測。另一方面，從分析影像內容，包括放大、變形、重複，即使我們無法看見，還是能了解關於重力透鏡本身的資訊：大小、形狀、質量……甚至質量分布！天文學家可將所有形成透鏡的物質「地圖化」，包括那些看不到的成分。結果似乎證實，宇宙大部分質量是以一種未知性質的「暗物質」（看不到）形式存在……

任何在我們地球附近的天體，只要質量夠大密度夠高，都會產生局部的時空彎曲。雖然影響微弱，但足以形成「微重力透鏡」（microlentille），稍微放大後方恆星的光。這種難以察覺的效應可讓我們在所處星系中，探測周圍看不見的大質量物體。幾年前，天文學家認為神祕的暗物質可能是由一群很暗的小恆星或行星[13]組成，並把這種星體稱作「暈族大質量緻密天體」（MACHOs, MAssive Compact Halo Objects）。不過，透過探測這些微重力透鏡，我們最後發現

MACHOs只佔了銀河系所有（不發光）「隱藏質量」的一小部分。宇宙的一切依舊如此神祕！

---

9 根據Luciano Rezzolla等在二〇一八年初發表的論文，估計上限約為二點一六倍太陽質量（此公認結果尚有爭議）。這估計是根據GW170817的重力波觀測（質量各為一點一和一點六個太陽質量的中子星合併，這裡中子星質量低於本文提出的下限）。Ref:http://iopscience.iop.org/article/10.3847/2041-8213/aaa401

中子星應該不是恆星最後狀態，還是會繼續演化。原文的三點二倍應是根據Ref:https://zh.wikipedia.org/zh-tw/歐本海默極限。

10 二〇一八年有發現一顆低磁場的中子星（極特殊情況）。Ref:http://www.sci-news.com/astronomy/neutron-star-small-magellanic-cloud-05889.html

11 並非所有的中子星都是脈衝星（代表不是每個中子星都轉這麼快）。

中子星大致上分成：

1.磁場普通強（電磁光束在無線電波段）＋自轉快＋電磁光束有掃過地球附近＝脈衝星。

2.磁場超級強（電磁光束波段頻率更高，有可能到X光）＝磁星（有無脈衝看自轉多快，通常高磁場會限制自轉速度）。

12 雙星系統的運動模式可參考以下網址裡的動圖（兩顆質量相似的恆星以橢圓軌道繞著共同的質心運轉，並在質心的交界點相互繞一圈。運轉程度視兩顆星的質量大小比率）。

Ref:https://zh.wikipedia.org/wiki/%E8%81%AF%E6%98%9F#/media/File:Orbit5.gif

13 也可能是白矮星或黑洞之類。

## 第八章

# 尋找愛捉迷藏的重力波

這個宣布雖在意料之中，仍舊轟動全世界。二〇一六年二月十一日，兩組重力波探測團隊，雷射干涉重力波天文台（LIGO, Laser Inter-ferometer Gravitational-Wave Observatory）和處女座干涉儀（VIRGO，此名來自處女座星系群，為主要目標之一）共同宣布，他們在幾個月前首次直接探測到這種波，並命名為GW150914（即二〇一五年九月十四日重力波的縮寫）。

長達快一個世紀的等待後，物理學界毫不懷疑這個探測結果。但令人跌破眼鏡的，不單是探測器在重啟觀測後的短短時間內就發現訊號，還有訊號本身的強烈度——居然是來自兩個巨大黑洞的合併，這在以前可算是天文奇觀。此發現鞏固了我們對廣義相對論的信心，因為這是該理論所預言過的現象。它也以新方式直接證實了黑洞的存在，之前雖有證據但尚存疑慮。於是，天文學的新分支就此誕生：它的名字叫「重力天文學」(astronomie gravitationnelle)，是一門專門研究質量如此大的黑洞全新理論和觀測！

廣義相對論框架下的重力波預測可追溯到一九一六年，其存在與否一開始就引起許多爭論。達成共識後，又有人認為這種短暫的現象無法探測，後來才有先驅認真研究這個問題。LIGO和VIRGO是一九六〇年代就出現的雷射干涉儀原理，不過光是探測器的設計和建造就花了幾十年。二〇〇七年首次啟用後，因技術升級而停止。「加強版」於二〇一五年重啟，緊接而來的是首次探測成功。

## 開外掛？廣義相對論的驚人預測！

一九一六年，愛因斯坦剛完成廣義相對論不久，就預言了重力波的存在。重力波是一種在彈性介質中以光速傳播的振動，這裡的彈性介質就是時空本身。兩年後他將這種現象公式化，不過這項工作卻引起許多討論，連愛因斯坦本人都抱持懷疑，直到一九五〇年代學界才一致認可其存在。這種重力場的波動可因巨大質量天體的快速不對稱運動產生，例如巨大恆星的超新星爆炸，或是天體群、高密度天體或黑洞近距離以高速互繞、直到融合或合併為止。麻煩的是，即使是如此極端劇烈的現象，也只能產生些微的波動，很難直接觀測到……

一九七四年，赫爾斯和泰勒首先經由脈衝雙星的觀測，間接證實重力波的存在。脈衝雙星是由兩顆中子星構成的雙星系統，公轉週期已經能被精確測量（約七小時四十五分）。然而這幾十年的觀測發現，此週期以每年七十六點五微秒的速度減少中。也就是說這兩個天體彼此愈繞愈快，同時逐漸靠近（以每年幾公尺的速度）。這樣的趨勢看來，它們應該會在幾億年後相撞……這種微小變化與廣義相對論完全一致：中子星的快速移動產生重力波，導致系統失去能量。赫爾斯和泰勒因首次發現重力波的間接證據，一九九三年獲得了諾貝爾物理學獎。其他脈衝雙星的觀測，之後也得出同樣結論。

## 來嘗試探測吧！

自一九五〇年代以來，天文學家一直希望能直接探測到這種難以捉摸的波。這可是非常複雜的工作，重力波的穿越在時空幾何中只會造成一點輕微振盪，讓兩個「固定」物體間的距離有極微弱的變化。這種波的預期振幅（定義為兩點距離的相對變化）大概只有$10^{-21}$左右。也就是說，兩個相隔一百公里的物體，距離變化會只有$10^{-16}$公尺上下，比質子還小！所以關鍵在於，不管變化有多小，都要能檢測到。一九六〇年代始已有初步的相關技術研發。美國馬里蘭大學物理學家約瑟夫・韋伯（Joseph Weber）建造了第一個「探測器」，外觀像一個巨大的鋁製圓柱體（長兩公尺，直徑五十公分），據說重力波通過時會產生共振效應。儘管韋伯聲稱有幾次得到了結果，但後來都被推翻，因為這個裝置的靈敏度並不足以探測可能出現的重力波。

之後的十年，物理學家意識到雷射干涉儀在測量極微小位移中的無限潛力。包括任職於加州理工學院的基普・索恩（Kip Thorne）等科學家，發起了大型探測器基地計劃，以長距離發射雷射光束，這個計劃就是LIGO。美國國家科學基金會（National Science Agency）曾表示，LIGO是有史以來最昂貴的科學計劃（差不多是伊拉克戰爭一小時的預算）。

> 「理論上，理論和現實是一樣，可現實中不是這樣。」
> ——愛因斯坦

這個探測器與歐洲（主要是法國和義大利）的VIRGO探測器（見下頁，圖十九）合作，兩方的合作者也在發表首次探測結果時聯合署名。其他類似的項目還有德國的GEO600（六百米雷射干涉臂重力波探測器）和日本的KAGRA（神岡重力波探測器）。

美國的LIGO實驗設備包括兩組相距三千公里的「重力干涉儀」（重力波傳播時間為十毫秒），一組在華盛頓州，另一組在路易斯安那州。二〇〇二年開始運

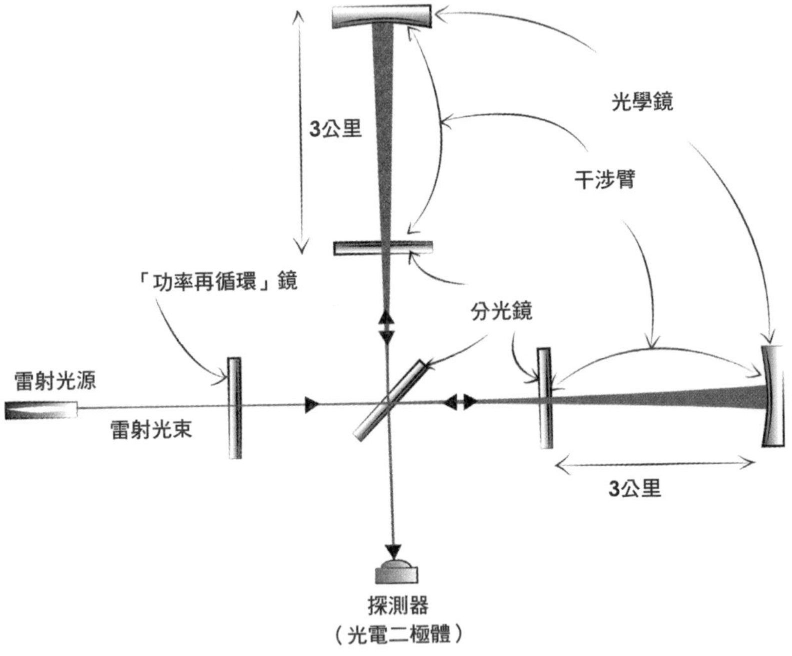


圖 十九　VIRGO干涉儀圖解

作並持續到二〇一〇年，二〇一五年升級成「LIGO加強版」後再重新運作。

LIGO的兩組干涉儀各有一塊可將超穩定雷射分成垂直兩道光束的分光鏡[14]。這兩束光會各自通過一條很長的干涉臂（四公里的超高真空管），直達另一端的反射鏡。為避免地震干擾，反射鏡是以懸空方式隔離地面。透過連續反射，光束可在干涉臂內來回多次（最高有效長度為一千兩百公里），抵達探測器時，就會因光程差產生干涉條紋。這個實驗的主要原理是，當重力波通過時，其中一條干涉臂的長度一定會發生變化（約$10^{-18}$公尺），雖然這個變化很微弱（比質子還小！），但可以觀測到干涉條紋所產生的變化。不過要讓探測進行還得克服雜訊干擾，像是熱雜訊、地震雜訊（除非把探測器搬到太空中，不然無法完全擺脫）、其他雜訊等，這些都會影響到數據的正確性。只有先進技術才能解決這些難題。

重力波的特性反映在振幅和頻率上。VIRGO和LIGO可探測振幅大於$10^{-21}$、頻率介於十到一千赫茲的重力波，由於地面振動（地震雜訊）干擾的緣故，頻率無法再下探。這些數字決定了只有哪些特定現象能剛好被探測器捕捉到。例如某顆恆星在銀河系中重力塌縮後變成黑洞（這種事百年發生不到一次），或是遠處有幾顆彼此靠近的天體（中子星或黑洞）相撞的過程。

## 登登登……歷史性的宣布

二〇一六年二月十一日，LIGO和VIRGO兩團隊共同發出歷史性的宣布。這分別是兩個質量為太陽的三十六倍和二十九倍的黑洞相撞後融合的全紀錄，接收的訊號與此事件的計算結果非常符合。從訊號強度推算，這個事件發生在離地球光度距離四百萬秒差距的某處，相當於十三億光年。

這兩個黑洞先以旋近形成互繞軌道，但能量隨著重力波的散播而逐漸散失，軌道便愈縮愈小直到相撞，合併成單一黑洞。其質量（太陽質量的六十二倍）比原先兩個黑洞的總和還小，合併前後的質量差異轉化為重力波散播出的能量，是「質能等效」（$E = mc^2$）的完美範例！

法國物理學家蒂博・達穆爾（Thibault Damour）是最早計算此現象的人之

一。他說：「每一個觀測到的現象，都對應於稍縱即逝的某個瞬間，眨眼即逝。」。這兩個黑洞已經互繞了幾億年，我們剛好記錄到在它們生命中的最後零點二秒，也就是融合前的最後一次互繞。這些訊號被我們接收前已在宇宙漫遊了十多億年。要注意的是，重力波是由重力產生，但重力波自身也會產生重力，這樣累加起來的相互作用會呈現非線性的結果（所以計算非常複雜），正如廣義相對論描述的那樣。

「每一個觀測到的現象，都對應於稍縱即逝的某個瞬間，眨眼即逝。」
——達穆爾，2016

這個探測備受期待已久。無論如何，這個發現驗證了愛因斯坦理論和重力波的存在。雖然已經沒幾個人懷疑，但能直接探測總是比較有說服力。最重要的還是確認了黑洞的存在，在那之前都只有間接證據。這次觀測的信號顯現了黑洞的特性，更直接證實黑洞的存在。讓人跌破眼鏡的是這些黑洞的質量居然如此之大，在我們發現可能有黑洞的X光源中，從未有質量超過十五倍太陽質量的！以前總認為質量這麼大的黑洞很罕見，現在一次就發現兩個！這麼重的黑洞，不可能從兩個質量不超過三倍太陽質量的中子星合併而來。唯一可能成因，是從一顆質量至少為太陽一百倍的恆星爆炸（超新星）而來的（內部塌縮形成黑洞）。第一次成功探測後不久，第二次緊接而來。這次是兩個質量各為太陽十四倍和七倍的黑洞，合併成一個質量為太陽二十一倍的單一黑洞。這些發現讓我們得以重新審視恆星的形成和演化理論，因為先前總認為質量這麼大的天體應該很罕見。這種全新的天文學、重力波天文學，就在我們面前誕生了！

## 重力天文學終於誕生了！

由於天文學這門新分支的出現，以地表探測器進行一系列定期觀測是意料中的事，但重力天文學還包括了太空探測。起頭的是雄心勃勃的演化雷射干涉太空天線計劃（eLISA, evolved Laser Interferometer Space Antenna）（見圖二十），這種「重力天線」與地表探測器都基於相同原理。eLISA是由三組可自由浮動並搭配反射鏡的探頭組成，探頭間以雷射（在太空中就不需要真空腔了）連接並維

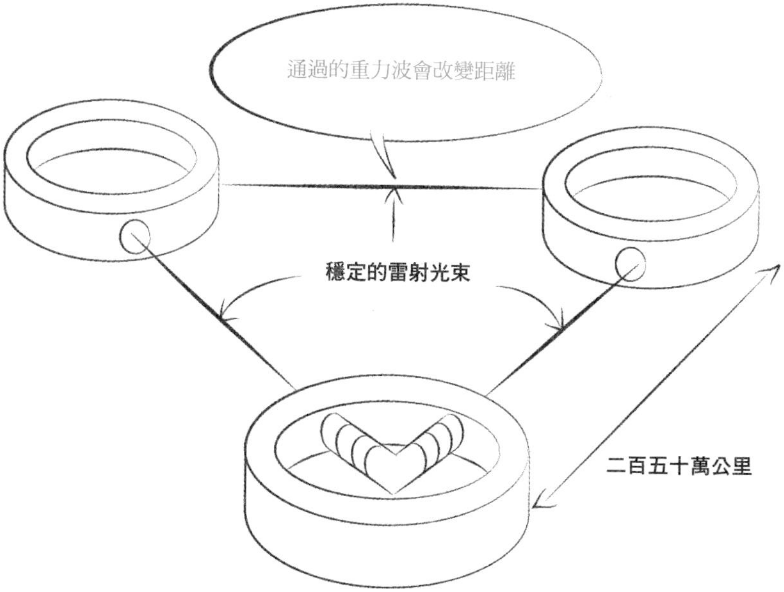


圖 二十　eLISA計劃原理

持高穩定性（相對位移被控制在微米程度）。這些探頭形成了一個巨大、邊長兩百五十萬公里的正三角形，若是重力波通過，就會稍微變形。天線內建「延遲補償」系統，確保反射鏡不會受衛星帆版的各種干擾（太陽風、宇宙射線或塵埃等）。得益於二〇一五年十二月於庫魯（Kourou）啟動，為測試未來探測器的設計與靈敏度的LISA探路者計劃（LISA Pathfinder），該「延遲補償」系統獲得驗證。eLISA將會在二〇三〇年左右升空，並放上日心公轉軌道[15]。這組太空探測器會探索當前地表探測器觀測不到的低頻率範圍（eLISA是鎖定零點零零零一到零點一赫茲間的波段）。根據目前預測，eLISA可用來觀測由高密度天體（黑洞、中子星和白矮星）組成的雙星系統，帶來更多關於黑洞的物理學資訊，甚至觀測到原始宇宙遺留的重力波。由於靈敏度夠高，不用擔心測不到，反而要想辦法從大量獲取的數據中辨認出真正的訊號。這個計劃首先觀測一些已觀測過的訊號源，如脈衝雙星等，以驗證探測器的性能。但當然也會觀測其他類型的訊號源，特別是黑洞的合併（像LIGO觀測到的），eLISA也會在接下來更長的時間內觀測其過程（也能找出這些現象的發生處）。無論如何，真正的黑洞天文學應該就此誕生！

同時還有脈衝星這種「天然時鐘」可用，因為目前的訊號觀測已有很高的精確度。分散在太空中的脈衝星組成的系統，可被當成一種星系級天然重力波探測器，這樣的探測器對低於百萬分之一赫茲的波段有很高的靈敏度。如此一來，所有重力天文學該有的工具都補足了。在不久的將來，脈衝星的相關分析將可讓路過的重力波現出原形。

此外，早期宇宙在復合階段前的各種過程，無論是在原始階段、膨脹階段、原始波動生成階段，都可能產生「原始重力波」。雖然以我們目前的物理學程度還無法完全理解，但這是今日頗為流行的想法。而這些重力波可以自由傳播，會因宇宙膨脹而稍微衰減（有點像CMB中的電磁波），並在宇宙背景輻射中留下蛛絲馬跡。甚至這種波可能已被改變極性（一種電磁輻射的特性）。觀測這些痕跡應該能獲得一些重要資訊。這就是為何在二〇一四年三月，某個美國研究團隊聲稱探測到這種波後，引起如此多騷動，尤其是那些覺得這可能是宇宙暴脹證據的人（inflation cosmique，宇宙最初超快速膨脹階段的假說）。最後結果還是被推翻了。宇宙學家已迫不及待有朝一日能探測到微弱訊號的消息……

14 實驗裝置中有很多塊分光鏡，但每組裝置中能垂直分光的只有一塊。

15 根據該提案，eLISA離地球不會太遠，但是繞日公轉週期會稍長（四百天），所以不算跟地球共用軌道。

後記

# 沒有最好、只有更好，等著被超越的天才

愛因斯坦憑藉兩個相對論，不僅顛覆了物理學，也顛覆了自牛頓時代以來沿用的時間、空間和物質概念。然而真正的革命還沒完全開始進入我們的生活中：我們始終得努力想像恆定的光速、彎曲的時空、一個不存在時間的世界等究竟是怎麼回事。

這些理論已被多次驗證，近期更因重力波的首次直接探測而大放異彩，漂亮地度過二十世紀。愛因斯坦也因此成為科學史上最偉大的天才之一。一切似乎順利進行……然而物理學家早在好一陣子前，就知道這故事還沒完。許多人認為廣

義相對論還不是「終極理論」，可能還會被超越……此外，生前一直嘗試發展能統一解釋重力和電磁力理論的愛因斯坦也說過：「對每一個能應用在某方面的物理理論來說，最好的命運是被合併到另一個理論中，以成就更全面的理論。」

首先，跟其他理論一樣，相對論也有侷限，不適用於某些極端情況，例如宇宙的誕生時期或黑洞。其實這些情況同時有非常強烈的重力場與量子效應，但量子物理和廣義相對論卻無法同時運用。目前還找不到能讓量子物理和廣義相對論合作無間並在這種情況下運用的方法（見參考資料《超越時空的新物理學》）。

特別麻煩的是，重力跟電磁力和強、弱作用力等作用力有很明顯的「區別」。今日強、弱作用力可描述成量子型態，能以特殊的量子物理學解釋。但重力現在還無法以量子化詮釋，或得用不同方式描述（所謂的古典方式），詮釋成一種幾何彎曲結構（正確的說法是「時空幾何」）。相反地，描述其他作用力的定律，幾乎都將時空視作完全平坦且毫無特殊之處的幾何結構。另外，有些物理學家認為，跟其他作用力相比，重力的強度實在太「弱」了。總之，重力似乎特別不一樣，物理學家也很想知道為什麼……

所以，即使還沒找到任何跟愛因斯坦理論相抵觸的「具體」現象，物理學家依舊不滿足現況。他們最終所願，與愛因斯坦生前追求的一樣，就是用統一的方式解釋所有作用力，以統一和諧的方式描述整個世界！畢竟歷史常常告訴我們，物理學要能聯繫看似沒關係的東西才能有進步。但要如何將相對論量子化？理論學家嘗試了幾條路，卻不能保證有哪一條路能通往真理的殿堂……

其中一條就是所謂的弦論（或超弦理論），幾年前紅過一陣子。這個理論打的主意是進一步拓展廣義相對論，將所有作用力都當成幾何效應。但這對物理學來說，需要一個對應的幾何框架。普通的四維時空遠遠不夠，得用到十到二十六維左右的數學實體，才能完整拓展時空概念！在這個更廣大的框架內，物質不再以粒子的形式描述，而是一種能振動或用不同方式捲曲的超小「弦」。作用力可能是這些「弦」之間的切割或連接導致而成……

另一條路，是試圖將重力量子化的量子重力（或量子幾何）。這是將重力套用上量子物理的數學形式（大部分是代數方面），像其他作用力一樣。時空的幾何彎曲就由量子幾何取代。但物理學家還無法真正描述這種幾何特性，這種會導致「波動」的量子特性……不管是計算上或解釋上都很困難，但這種方法的進展還算順利（特別是迴圈量子重力〔gravité en boucles〕）。

當然也有其他方式被提出來研究。由法國數學家阿蘭・科納（Alain Connes）和合作者提出的非交換幾何（géométrie non commutative），不僅顛覆「點」的概念，也拓展了一般幾何。位置無法被「點」精確定義，這聽起來似乎莫名其妙。但是這種幾何的「模糊」跟量子物理的主張完全相符：無法完全確認粒子的位置，它總有「不確定性」！因此，非交換幾何類似一種量子幾何。這太有趣了！因為將重力量子化就等於將幾何量子化……

不論如何，在牛頓過世很久後，廣義相對論才採用了十九世紀發現的「新」幾何框架，下一個統一場論很可能會使用一種難以想像的幾何框架。倘若愛因斯坦天上有知一定會很高興，他可是期待全幾何的「統一場論」很久了！

# 參考資料

## 紙本書系列

F. Balibar, *Galilée, Newton, lus par Einstein*（《愛因斯坦讀伽利略、牛頓》）, Paris, PUF, 1984.

F. Balibar, *Einstein, la joie de la pensée*（《愛因斯坦——思考的樂趣》）, Paris, Découvertes Gallimard, 1993.

B. Cox et J. *Forshaw, Pourquoi E = mc²?*（《E = mc²，這是什麼東西？》）, Malakoff, Dunod, 2012.

T. Damour, *Si Einstein m' était conté*（《愛因斯坦話當年》）, Paris, Éditions du Cherche-midi, 2005.

J. Eisenstaedt, *Einstein et la relativité générale, les chemins de l' espace-temps*, Paris, coll. « Histoire des sciences »（《愛因斯坦與廣義相對論：時空之徑》，科學史叢書）, Éditions du CNRS, 2002.

A. Einstein, *La théorie de la relativité restreinte et générale*（《狹義與廣義相對論》）, Malakoff, Dunod, 2012.

A. Einstein, *Œuvres choisies*, Paris, Éditions du Seuil, « Sources du savoir »（《選輯》，知識之源叢書）,1991.

M. Jammer, *Concepts d' espace, une histoire des théories de l' espace en physique*（《空間的概念——物理學空間理論的歷史》）, Paris, Vrin, 2008.

E. Klein, *Le pays qu'habitait Albert Einstein*（《阿爾伯特．愛因斯坦曾居住過的國度》）, Arles, Actes Sud, 2016.

E. Klein et M. Lachièze-Rey, *La quête de l'unité : l'aventure de la physique*（《追尋統一：物理學的冒險之旅》）, Paris, Albin Michel, 1996.

M. Lachièze-Rey, *Initiation à la cosmologie*（《宇宙學入門》）, 5e édition, Malakoff, Dunod, 2013.

M. Lachièze-Rey, *Voyager dans le temps : la physique moderne et la temporalité*（《在時間中旅行：現代物理學與時間性》）, Paris, Seuil, 2013.

M. Lachièze-Rey, *Au-delà de l'espace et du temps*（《超越時空的新物理學》）, Paris, Éditions Le Pommier, 2008 (2e ed).

M. Lachièze-Rey et J.-P. Luminet, *De l'infini : Mystères et limites de l'Univers*（《宇宙的無限、神祕和極限》）, 2e édition, Malakoff, Dunod, 2016.

D. Lambert, *Un atome d'Univers. La vie et l'œuvre de Georges Lemaître*（《宇宙中的一顆原子：喬治．勒梅特的一生與貢獻》）, Bruxelles, éd. Racine/éd. Lessius, 2000.

J.-P. Luminet, *L'invention du big-bang*（《大爆炸理論的創始》）, Paris, Seuil, « Folio Essais », 2004.

J.-P. Luminet, A. Friedmann et G. Lemaître, *Essais de cosmologie, l'invention du big-bang*（《宇宙學論文：大爆炸理論的創始》）, Paris, Le Seuil/Points Sciences, 2004.

J. Merleau-Ponty, *Einstein*（《愛因斯坦》）, Paris, Flammarion, 1993.

J. Merleau-Ponty, *Cosmologies du xx e siècle. Étude épistémologique et historique des théories de la cosmologie contemporaine*（《二十世紀的宇宙學：知識論研究與當代宇宙學理論的歷史》）, Paris, Gallimard, 1968.

## 有聲書系列

(éditions De Vive Voix : http://www.devivevoix.fr/)

F. Balibar et T. Damour, *Einstein*（《愛因斯坦》）

M. Lachièze-Rey, *Cosmologie*（《宇宙學》）

M. Lachièze-Rey, *Le temps existe-t-il ? Comprendre la relativité*（《時間真的存在嗎？認識相對論》）

J.-P. Luminet, *La forme de l'Univers*（《宇宙的型態》）

J.-P. Luminet, *Les trous noirs*（《關於黑洞》）

國家圖書館出版品預行編目 (CIP) 資料

沙灘上的愛因斯坦，生活中的相對論 / 馬克．拉謝茲－雷伊 (Marc Lachièze-Rey) 著；拉奇．馬拉伊 (Rachid Marai) 繪；哈雷譯．-- 初版．-- 新北市：臺灣商務，2020.07

面；　公分．-- (Thales)

ISBN 978-957-05-3273-9(平裝)

1. 相對論 2. 宇宙 3. 通俗作品

331.2　　109006538

Thales

# 沙灘上的愛因斯坦，生活中的相對論

Einstein à la plage: La relativité dans un transat

作　　者一馬克・拉謝茲－雷伊（Marc Lachièze-Rey）
繪　　者一拉奇・馬拉伊（Rachid Maraï）
譯　　者一哈雷
發 行 人一王春申
總 編 輯一張曉蕊
責任編輯一劉柏伶
校　　對一呂佳真
封面設計一吳郁嫻
內頁排版一6 宅貓

業務組長一何思頓
行銷組長一張家舜
影音組長一謝宣華
出版發行一臺灣商務印書館股份有限公司
23141 新北市新店區民權路 108-3 號 5 樓（同門市地址）
電話：(02)8667-3712　傳真：(02)8667-3709
讀者服務專線：0800056196
郵撥：0000165-1
E-mail：ecptw@cptw.com.tw
網路書店網址：www.cptw.com.tw
Facebook：facebook.com.tw/ecptw

Originally published in France as:
Einstein à la plage. La relativité dans un transat, 2nd edition by Marc LACHIEZE-REY


局版北市業字第 993 號
初版一刷：2020 年 7 月
印刷廠：鴻霖印刷傳媒股份有限公司
定價：新台幣 380 元

法律顧問一何一芃律師事務所